KB193933

야노 시호의 셀프케어

Original Japanese title:

SELF CARE Ima Sugu Hajimerareru 40 No Anti-aging Hou

ⓒ 2016 SHIHO

Original Japanese edition published by Gentosha Inc.

Korean translation rights arranged with Gentosha Inc.

through The English Agency (Japan) Ltd. and Danny Hong Agency, Korea.

건 강 하 게 아 름 답 게 우 아 하 게

야노 시호의 셀프케어

야노 시호 지음 | 김윤희 옮김

살림

어제의 나보다 오늘의 내가 좋다

마흔이라는 나이가 멀게만 느껴졌는데, 막상 내가 그 나이가 되고 보니 그동안 알지 못했던 놀라운 사실을 발견하게 된다.

또래 친구들이나 연배가 높은 분들끼리 입을 모아 "하나도 안 변했네"라고 말하듯이, 분명 내 마음은 전혀 달라진 것이 없다. 하지만 거울을 가만히 들여다보고 있으면 확실히 변하긴 했다.

젊음과 에너지로 탱탱했던 얼굴에는 어느새 주름이 지고 깊이 패었으며, 광대뼈도 많이 내려왔다. 햇볕에 그을린 탓에 기미가 생기고, 웃으면 눈가에 주름도 잡힌다. 신진대사 능력도 떨어졌고 체형도 두루뭉술해져간다. 하지만 그렇다고 해서 옛날로 돌아가고 싶다는 생각은 결코 하지 않는다. 오히려 지금이 참 좋다. 하루가 다르게 변해가는 피부나 몸 상태를 살피고 느끼는 일에 가슴이 두근거리고 설레기 때문이다.

나이 듦의 매력을 최대한 이끌어 내는 비결은 '변화를 받아들이는 것'이라고 생각한다. 계절이 바뀌는 것처럼, 오랜 세월에 걸쳐 지형이 바뀌는 것처럼, 사람도 나이가 들면서 변화해간다. 그것을 한탄하고 필사적으로 막으려고 하기보다, 인정하고 받아들이면서 그 과정을 마음껏 즐길 뿐 아니라 좀 더 좋은 모습으로 변해가고 싶을 뿐이다.

말하자면 자연에 내 몸을 맡기고 싶다. 그러나 무턱대고 맡겨놓기만 하다가는 아름다움은커녕 체력이 쇠약해질 수 있다. 그렇게 되지 않으려면 언제나 객관적인 시각으로 자신에게 필요한 것을 받아들여서 자기 것으로 만들어가야 한다.

나는 20대에 연애에 빠져 있다가 운동에 눈을 뜨게 되었고, 30대에는 생활 방식을 바꾸어 '보이지 않는 관리'에 돌입했으며, 40대가 되어서는 식사 습관을 과감히 바꾸었다. 물론 '모델이니까 돈과 시간을 들여서 특별히 관리하겠지'라고 생각하는 분들도 있겠지만, 꼭 그렇지만은 않다. 실제로 내가 단골로 다니는 에스테틱이나 클리닉은 거의 없다! 늘 마음과 몸을 정성껏 대하며 단시간에 효과를 볼 수 있는 셀프케어를 반복해서 실천하고 있을 뿐이다.

내가 20대에 시작해서 지금까지 꾸준히 하고 있는 관리 비법을 나름대로의 지혜와 지식을 더듬어보며 마흔 가지 테마로 정리해 이 책에 담았다. 최신 의료 기술이나 미용 치료에 관한 정보가 아니라, 아름다움을 대하는 마음가짐과 사고방식, 살면서 정말 좋다고 느낀 것, 꾸준히 하기를 잘했다고 여긴 것을 엄선해서 실었다.

나는 자신을 소중하게 생각하고 꾸준하게 관리하는 삶의 태도야말로 가장 나답게 세월을 즐길 수 있는 방법이라고 확신한다.

연령대별로 각각의 이야기에 등장하는 '시호 스타일'의 관리법을 독자분들의 상황에 맞춰 꼭 실행해보기를 바란다.

분명 변화를 느끼고, 나이 드는 자체가 즐거워질 것이다!

Contents

Chapter 3

진짜 아름다움은
서른부터
만들어진다

스물,
부지런히 사랑을
연습하다

연애만 하며 지낸 20대.
언젠가 실연을 경험하면서 '변하고 싶다'는 생각이 들었다.
그런 생각이 셀프케어를 시작하는 계기가 되었다.
안티에이징을 본격적으로 시작했다.

01

연애

사랑하며 배운
세 가지

LOVE

내가 진지하게 안티에이징(anti-aging, 노화 방지·항노화)을 생각하기 시작한 것은 스물여덟 살 때다.

먼저 20대 시절의 이야기를 잠시 하려고 한다. 그때의 경험이 내 '아름다움'의 기준이 되었기 때문이다. 그리고 내 이 이야기는 연애에서 시작된다.

연애는 놀라우리만치 여성을 아름답게 만들어준다.

나이가 들어도 좋아하는 사람을 떠올리면 가슴이 두근거린다. 그 두근거림이 여성을 아름답게 하는 원천이다.

연애를 하면 평소보다 거울 보는 횟수가 늘어나는 것은 물론이고,

스물, 부지런히 사랑을 연습하다

온몸에서 행복한 기운(aura)을 발산해서 특별히 관리하지 않아도 피부가 반들반들 매끈해진다.

며칠 전에 어느 모임에 참석했는데, 그 자리에 처음 나온 사람이 있었다. 마흔 살의 독신 여성이었는데 어찌나 애교가 넘치고 반짝반짝 빛나는지, 아름다운 그녀를 보며 현재 열애 중임을 바로 느낄 수 있었다.

40대에 이혼한 지인은 사랑하는 사람이 새로 생기면서 자기 관리를 아주 열심히 하는가 싶더니, 십 년 전과 비교하면 체형이나 옷차림이 완전히 달라졌다. 정말 예뻐졌다.

늘 멋을 내야 하는 모델도 연애를 하면 표정과 기운이 유난히 달라지는 것을 보면, 정말이지 사랑의 힘은 대단한 것 같다. 사랑을 하면 여성호르몬(에스트로겐)과 도파민이 분비된다고 하는데 아마도 그 영향이 아닐까…….

20대에는 연애하면 예뻐질 수 있다고 생각했다. 실제로 나는 일과 연애만 있으면 충분하다고 생각할 만큼 타고난 연애 체질이었다.

지금 돌이켜보면 그 당시에는 '내가 좋아하는 남성이 꿈꾸는 이상형의 여자가 되고 싶다'는 꿈을 늘 꾸며 최선을 다한 것 같다. '사랑할 때마다 사람은 다시 태어난다'는 말이 있는데 정말 딱 맞는 말이다. 패션 감각이나 생활 습관, 사고방식, 가치관, 일하는 자세, 삶의 태도 등 사람의 모든 스타일은 좋아하는 사람에게서 영향을 많이 받을 수밖에 없다.

내 경우에도, 나와 연애하던 남자가 해준 말 가운데 내게 큰 영향을 준 말이 세 가지 있다.

"멋진 여자가 돼라."

"취미를 갖고 교양을 갖춰라."

"지금의 내가 최고다."

이 세 가지 말은 지금도 마음속에 남아서 나도 모르는 새에 내가 생각하는 '아름다움'의 기준이 되었다.

'멋진 여자'란 어떤 여자일까. 나이를 한 살 두 살 먹으면서, 그 나이에 맞는 '멋진 여자'에 대해 내 나름대로 생각해본다. 물론 남자나 여자나 관점에 따라 '멋진 여자'에 대한 상(像)이 다르겠지만, 모든 사람이 '멋진 여자구나'라고 느낄 수 있는 여성이 되고 싶다는 마음은 누구에게나 있을 것이다.

20대에 우연히 만난 요가와 서핑에 푹 빠져 지낼 수 있었던 것도 "취미를 갖고 교양을 갖춰라"라는 애인의 말 덕분이다. 말하기를 좋아하는 내가 항상 상대방이 하는 이야기에 귀를 기울이고 경청하게 된 것도 그 무렵이다. 어학 공부도 그때 시작했다.

세월이 흐를수록 교양이 얼마나 중요한지 깨닫게 되어서, 이제는 나이가 들어도 늘 배우는 자세를 잃고 싶지 않다.

"지금의 내가 최고다"라는 말은 '지금 이 순간을 살아가리라!'는 말과 같다. 과거에 얽매이지 않고 후회하지 않으며, 미래에 대한 걱정은 접어두고 앞을 향해 오늘 하루 전심전력을 다하는 것이다. 모자란 것, 마음에 걸리는 것이 있으면 그것을 해결하기 위해 '지금 당장 실천하자!' 하고 나서는 삶의 방식이다. 지금 빛나지 않으면 언제 빛나겠는가.

결국 '멋진 여자'가 아니면 사람들을 기쁘게 할 수 없고, '교양'이 없으면 품격이 없다. 또 행복하지 않다면 "지금이 최고!"라고 말할 수 있을까!

그래서 나는 다른 무엇보다 이 세 가지 말을 가장 먼저 나누고 싶었다.

만약 당신이 독신이고 최근에 연애해본 적이 없다면, 과감히 '연애 체질'이 되어보기를 적극 권하고 싶다.

'상처받을까 봐 두려워서 연애를 시작하지 못한다'는 사람들이 있다. 정말 말도 안 된다! 사람은 누구를 만나느냐에 따라 인생이 달라지기도 한다. 특히 이성을 만나는 연애는 여성스런 면을 확실하게 끌어내준다.

상대방을 생각하면서 '너무 좋아, 정말 사랑하나 봐' 하는 감정을 느껴보라. 그가 하는 말에 귀 기울이고 그에게 의지하며 여자로서의

매력을 최대한 발산해보라.

연애는 상대에게 자신을 스스로 열어가는 작업이라고 생각한다. 혹여 지금 사랑하는 사람이 없다거나 애인 또는 남편과의 관계가 좋지 않다면 마음을 잘 열지 못하는 게 아닌지 돌아보기 바란다.

이런 연애를 하고 싶어, 이런 사람이 되고 싶어, 그에게 이렇게 해주고 싶어, 이 부분은 좀…… 이런 헛된 꿈이나 집착은 아무 의미가 없다. 먼저 자신의 마음을 열어서 상대에게 맡겨보자. 그리고 상대와 많이 접촉해보라.

바로 그때 사랑과 연애가 시작될 것이다.

○ 이제는 멋진 여자가 되고 싶다.
○ 취미를 만들고 교양을 쌓는 노력을 한다.
○ 지금의 내가 최고라고 생각한다.

02

실연

이별을 계기로
자기다움에 눈뜨다

LOST LOVE

20대에 나는 연애와 일에 매달린 덕분에 아름다웠다고 믿었다.

그런데 스물여덟 살이 되던 해에 실연을 겪으면서 드디어 나 자신에게 눈을 뜨게 되었다.

그 무렵 나는 안티에이징의 '안' 자도 모르고 연애에만 몰입해 있었다. 연애에 너무 빠져든 나머지 '그가 너무 좋아' '그와 함께 있고 싶어'라는 감정이 나도 모르게 솟구쳐서 정작 나 자신은 완전히 잊고 지냈다. 결국 그와 결실을 맺지 못하고 파국을 맞았다. 나는 실연의 슬픔이 부른 수면 부족과 스트레스에 시달려서 몸과 마음이 만신창이가 되었다……. 평소와 같이 일은 열심히 했지만 너무 피곤하기만

하고 전혀 행복하지 않았다.

그렇게 나락으로 곤두박질치던 어느 날, 문득 정신이 들었다.

아무리 사랑하는 사람이라도 헤어지고 나면 그 사람과 함께하는 미래는 더 이상 없는 거잖아. 그렇다면 그 점을 사실로 받아들이고 스스로 미래를 열어가야 해. 그러지 않으면 아무것도 다시 시작할 수 없어.

앞으로는 누군가와 함께해야 한다거나 무엇이든 같이해야 한다가 아니라 '사랑하는 사람이 없어도, 내가 어떤 존재이든 행복하다고 느낄 수 있는 사람'이 되어야 해.

그때까지만 해도 나를 단련하고 연마하는 목적이 그를 위해서였고, 그와 함께 있을 때만 오롯이 행복했다. 그러나 '이제부터는 혼자서도 행복하다고 느낄 수 있는 내가 되어야지'라고 맹세했다.

마침내 나는 그와 함께하는 미래를 과감히 포기하기로 결정했다.

사람에게는 저마다 살아가는 법이 있음을 존중해야 하며, 내가 아니면 누구도 할 수 없는 일, 내가 정말 하고 싶은 일을 추구하는 것이 행복한 인생을 뚜벅뚜벅 걸어갈 수 있는 비결이라고 깨달은 것이다.

타고난 연애 체질이던 내가 길고 긴 연애 경험에서 배운 것은, 무슨 일이든 상대방이 아닌 나 자신에게 달렸다는 깨우침이다.

연애할 때도 상대방에게 맞추려고만 하기보다, 나다움이 무엇인지 찾아내어 소중히 여기는 마음가짐이 먼저라고 생각한다. 그리고 저마다의 삶의 방식을 서로 존중해야 행복할 수 있다. 나다움을 잃는 것은 자기만의 '아름다움'을 가꾸지 못하는 것과 같다.

　물론 상대방에게 의존해 살아가는 삶의 방식도 있다. 하지만 가장 나답게 살아가는 삶이야말로 아름다운 여성으로 살아가는 최고의 조건이 아닐까.

○ 내가 어떤 존재이든 행복하다고 느낀다.

○ 나밖에 할 수 없는 일, 정말 하고 싶은 일을 찾는다.

○ 무슨 일이든 '나답게' 하려고 노력한다.

03

결심

지금에
집중하기로 했다

DETERMINATION

특별히 가꾸지 않아도 늘 젊음과 아름다움이 유지되는 시기가 지나고, 피부와 체력이 시들기 시작하는 20대 후반.

그즈음에 찾아온 실연의 아픔이란, 어쩌면 기가 막히게 좋은 타이밍이었는지도 모른다. '위기는 기회'라는 말이 딱 맞아떨어졌으니 말이다.

실연을 계기로 나는 그와 함께했던 시간을 말끔히 지워버리고 오로지 나 자신만을 위한 시간으로 삶을 채워나갔다. 지금 생각하면 오롯이 자신을 되돌아보고 재충전하는 절묘한 타이밍이었다.

마음 깊은 곳에서 '변하고 싶다'는 의지가 솟구쳐서 '멋지고 행복

스물, 부지런히 사랑을 연습하다

한 30대를 맞이하기 위해 무엇을 하면 좋을까' '나는 30대를 어떻게 보내고 싶은가?' 하는 물음을 진지하게 하게 된 시기였다.

하지만 실연의 아픔은 좀처럼 가시지 않았고, 하루에도 수많은 생각으로 갈팡지팡하면서 자신을 책망하고, 후회하고 고뇌하면서 힘겨운 나날을 보내야 했다.

'그렇게 하지 말았어야 했나? 내가 왜 그런 말을 했을까?'

생각하면 할수록 깊은 절망의 나락으로 곤두박질칠 뿐이었다. 그러나 후회해도 소용없는 일이었다. 더 이상 나락으로 떨어져서는 안 된다는 심정으로 심기일전을 꾀했다. 우울한 생각을 끊어버리기 위해 '지금부터 부정적인 감정을 절대 품지 말자'고 중대 결심을 한 것이다.

불행의 기운은 아름다움 앞에서 맥을 추지 못하는 법이다. 그렇게 마음을 먹고 나는 한 가지를 결심했다.

'내 안에서 조금이라도 부정적인 생각이 떠오르면 즉시 생각을 멈춘다!'

즐거운 생각을 소중히 여기고, 부정적인 대화나 행동을 부추기는 대상과는 절대 함께하지 않으리라, 굳게 마음먹었다.

설령 주위 사람들이 아무리 좋다고 해도 나에게 무리할 것을 강요하거나 부정적인 생각을 싹트게 하는 일은 과감히 거부했다. 그랬더니 신기하게도 모든 것이 '나답게', '기분 좋게' 다가오기 시작했다.

또한 '지금 내 눈앞에 있는 사람, 사물, 상황에 집중하자. 지나간 일이나 아직 닥치지 않은 일에 마음 쓰지 말고, 지금 여기 내 앞에 있는 것에만 초점을 맞추자'고 결심했다. 언뜻 보면 어려울 것 같지만, 결심하고 나니 의외로 어렵지 않게 해낼 수 있었다.

어느 날 문득 고개를 들어보니 '부정적인 감정 차단하기' '기분 전환하기' 기술에 능숙해졌고, 나도 모르게 그런 마음가짐이 몸에 배어 있었다.

모든 것은 내 마음과 결심에 달렸으니, 얼마든지 최고로 즐겁고 행복할 수 있다.

매사에 '멋지고 좋은 여자'가 되어 '취미를 갖고 교양을 갖추고' '지금의 나야말로 최고'라고 생각하는 것. 바로 거기에서 나의 안티에이징을 위한 자기 관리가 시작되었다.

SHIHO STYLE 3

◦ 지금 눈앞에 있는 사람, 사물, 상황에 집중한다.
◦ 부정적인 감정을 품지 않는다.
◦ 나만의 기분 전환 노하우를 갖는다.

서른이 되기 전에
다이어트 습관을 들이다

안티에이징을 위해 가장 먼저 한 것이 적당한 운동이다.
습관을 들이기만 하면 몸뿐 아니라 마음의 젊음도 되찾고 유지할 수 있다.
그러한 변화가 나 자신을 더 이해하고 객관적으로 바라보는 계기가 되었다.

04

운동

주 1회
트레이닝으로
시작한다

EXERCISE

멋진 30대를 꿈꾸면서 가장 먼저 '주 1회 트레이닝'을 시작했다.

운동을 하면 확실히 몸매가 예뻐지기도 하지만, 무엇보다 자기 몸을 더욱 잘 알게 된다.

모델 일을 계속하기 위해서라도 적당한 운동이 필요하다고 생각할 즈음, 마침맞게 『시호(SHIHO) 트레이닝』이라는 책을 내보지 않겠냐는 제의를 받았다. 그때 트레이너와 요가 선생님을 소개받은 것이 '주 1회 트레이닝'을 하게 된 계기였다.

그 무렵, 한국의 어느 유명 배우를 만날 기회가 있었는데, 마흔을 넘겼다는 말이 믿기지 않을 만큼 젊고 아름다운 모습에 무척 놀랐다.

서른이 되기 전에 다이어트 습관을 들이다

비결을 묻자 그녀는 '스물여덟 살 때 운동을 시작해서 지금까지 계속
하고 있다'고 대답했다. 그 말을 듣자 '지금부터 운동하면 나도 40대
에 건강하고 아름다운 몸매를 유지할 수 있겠지! 좋아, 바로 시작하
자!' 하는 생각이 솟구쳤다. 단순한 계기와 부러움이 운동을 시작하
는 데 결정적 동기부여로 작용했다.

그때 맨 처음 정한 규칙이 '일단 시작하면 지속한다' '너무 무리하
지 말자'였다.

사실은 과거의 아픈 경험 때문에 정해놓은 규칙이다. 20대 초반,
잠시 헬스에 빠진 적이 있다. 그때는 아무것도 모르고 닥치는 대로 에
어로빅을 하고 운동기구에 매달렸다. 덕분에 팔뚝은 두꺼워질 대로
두꺼워졌다. 그러다가 귀찮아서 헬스를 그만두자 탄탄했던 근육이
지방으로 둔갑해 뱃살이 축축 늘어지고 말았다. 원상태로 되돌리는
과정이 너무 혹독하고 힘겨워서 왜 그렇게 미친 듯이 근육을 키웠을
까 후회막심이었다.

그래서 운동을 한다면 평생 지속할 작정으로 시작하라고 조언하
고 싶다. 처음부터 너무 무리하지 말고 계속할 수 있는 페이스를 고려
하기 바란다.

내 경우에도 오래 지속할 수 있는 페이스를 고려해서 '주 1회 트레
이닝'으로 정했고, 그렇게 운동을 다시 시작했다.

○ 주 1회 트레이닝으로 운동을 지속한다.

○ 계속할 수 있는 운동을 선택한다.

○ 너무 무리하지 않는다.

05

상
생

몸은
혼자 만드는 것이
아니다

CONGENIALITY

운동을 꾸준히 할 수 있는 핵심 포인트는 '혼자 하지 않기'다.

어느 부위를 어떻게 단련해야 할까. 이상적인 몸매를 만드는 법을 자기 자신이 모르는 경우가 의외로 많다.

운동과 신체에 관해 올바른 지식이 있는 트레이너에게 객관적인 조언을 듣고, 알맞은 매뉴얼에 따라 단련하면 단연코 높은 효율성을 기대할 수 있다.

잘못된 단련 방법이나 무의미한 운동을 고집하기보다는 비용이 좀 들어도 퍼스널트레이너와 함께 운동하는 편이 훨씬 값지다고 생각한다.

서른이 되기 전에 다이어트 습관을 들이다

운동 매뉴얼이나 횟수, 시간 등을 혼자 관리하지 않고 다른 사람과 함께하면 운동에 더욱 집중할 수 있다는 장점이 있다.

또한 혼자 운동하면 게을러져서 '오늘은 귀찮은데……' 하면서 건너뛰는 날도 있기 마련이지만, 트레이너가 함께하면 약속을 취소하기가 어려워서라도 길을 나서게 된다. 막상 체육관에서 트레이너를 만나면 즐거운 대화도 나눌 수 있을 뿐 아니라 힘들거나 어려운 동작도 트레이너의 격려에 힘입어 지속할 수 있다. 매번 트레이너와 함께하지 않더라도 한 달에 한 번은 개인 지도를 받고 나머지 시간에는 혼자 연습하는 패턴이 좋지 않을까 생각한다.

금방 질리고 매사에 귀찮은 게 많은 내가 지금까지 꾸준히 운동할 수 있는 것도 나를 응원해주고 이끌어주는 트레이너가 있었기 때문이다.

그렇다면 의기투합할 수 있는 트레이너를 어떻게 해야 만날 수 있을까. 가장 좋은 방법은 최대한 넓게 안테나를 펴는 것이다. 나는 언제나 그 점을 염두에 두고 있다.

예컨대 아주 멋진 몸매를 유지하는 친구를 보면 '무슨 운동을 하고 있어?' '어디 다니고 있어?' 하고 잽싸게 물어본다.

언젠가는 아는 사람이 인스타그램에 올린 트레이닝 사진을 보고 바로 연락해서, 체육관과 트레이너를 소개받은 적도 있다.

서른이 되기 전에 다이어트 습관을 들이다

그런 식으로 일단은 무엇이든 시도해보자! 어느 체육관이든 대부분 처음 한 번은 무료 체험을 하게 해준다. 먼저 시험 삼아 무료 체험을 해보면서 자신에게 맞는지, 재미있는지, 흥미가 생기는지, 효과를 볼 것 같은지 등을 냉정하게 판단할 필요가 있다.

만약 능력 있는 트레이너가 가까이에 없다면 좋아하는 트레이닝 DVD를 보면서 따라 하는 것도 좋은 방법이다. 실제로 내가 아시탕가 요가에 심취해 있을 때는 켄 하라쿠마 선생님이 주신 슈리 R 샤라스(Shri R. Sharath) 선생의 DVD를 보면서 매일 요가를 했다. 샤라스 강사의 지도로 진행되는 아시탕가 요가의 기본 시리즈는 요가 강습 현장을 직접 녹화한 것으로, DVD를 보는 사람도 수강생이 된 것 같은 느낌으로 요가를 배울 수 있어서 참 좋았다. 지금까지 내가 출판한 DVD와 책도 보는 사람과 내가 마치 한 공간에서 트레이닝을 하는 것 같은 구성으로 만들었다. 함께 노력하면 지속할 수 있다는 격려와 의지를 담고 싶었기 때문이다.

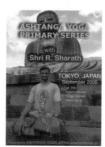

샤라스 선생의 DVD, 켄 선생과 함께 만든 요가 레슨
DVD 책 『SHIHO loves YOGA: 집에서 하는 요가』

몸만들기는 혼자 하는 것보다 조력자와 함께해야 훨씬 더 오래 지속할 수 있다.

너무 어려워하거나 망설일 필요가 없다. 무엇보다 자신이 '편하게' '즐겁게' 대할 수 있고, '신뢰감'이 생기는 트레이너나 DVD를 찾으면 된다.

SHIHO STYLE 5

○ 함께 운동할 수 있는 전문가를 찾는다.
○ 나에게 꼭 맞는 운동과 트레이너를 찾기 위해 정보를 수집한다.
○ 계속 따라 할 수 있는 운동 DVD가 있다.

06

힐
링

요가 매트 한 장이면
충분하다

HEALING

운동과는 별개로 시작하고 싶은 것이 취미 생활이었다. 20대에는 연애와 일에 빠져 지냈기 때문에 그 외의 시간이 없었다. 하지만 사랑하는 사람을 떠나보내고 시간이 너무 많이 남게 되자 무언가를 시작하고 싶어졌다! 평생 즐길 수 있는 취미를 갖고 싶다고 생각하고 있을 때 우연히 알게 된 것이 바로 요가다.

심호흡에 집중하면서 몸을 활짝 열어서 전신 스트레칭을 하는 요가는, 생각으로 가득 차 있던 머리를 저절로 깨끗하게 비워주었고, 상처 입은 마음을 다독여주었다. 요가 마지막에 취하는 사바사나(Shavasana, 송장 자세)는 몸과 마음을 후련하게 해주었다. 그때까지 한 번도 맛본 적 없는 행복과 편안함으로 충만해지는 걸 느꼈다.

지금 생각해보면 무심했던 몸을 움직이는 동안 정신도 단련된 덕분에, 실연의 아픔에서 벗어나 다시 일어설 수 있었던 것 같다.

요가는 무엇보다 몸과 마음을 직시하는 작업이다. '나'란 존재는 무엇인가, 어떤 사람인가, 주변과의 관계는 어떠한가 등을 되돌아보게 해준다. 요가의 철학은 정말 흥미진진한 분야가 아닐 수 없다. 요가를 꾸준히 하면서 마음가짐이 달라졌을 뿐 아니라 인간관계와 일상의 변화에도 흥미를 갖게 되었고 그럴수록 점점 요가의 매력에 빠져들었다.

운동에 영 흥미가 없어서 '운동은 좀……' 하면서도 새로운 무언가

를 시작하고 싶은 사람들에게 간단한 요가를 권하고 싶다.

내가 20대와 크게 다르지 않은 체형을 유지할 수 있는 것도, 균형 잡힌 생활을 할 수 있는 것도 모두 요가 덕분이다.

나는 주 3~4회 정도 집에서 요가를 하는데, 시간이 없는 날에는 단 3분이라도 '태양 예배(SUN Salutation)'를 한다. 겨우 3분, 달랑 3분이지만 그 3분이 하루하루 쌓이다 보면 몸이 확실히 변한다.

특히 아이를 낳고 나서는 혼자만의 시간을 갖기 어렵기 때문에, 체육관이나 스튜디오에 갈 기회가 더 없다. 요가는 매트 한 장만 있으면 언제 어디서든 할 수 있으므로 다행이 아닐 수 없다.

SHIHO STYLE 6

○ 요가로 심호흡에 집중하면서 몸을 크게 열고 스트레칭한다.
○ 기분 좋아지는, 행복해지는 방법을 선택한다.
○ 하루 단 3분이라도 태양 예배 요가에 집중한다.

시호의 아침을 깨우는 요가

SUN
Salutation
태양 예배

❶ ❷ ❸ ❹ ❺ ❻ ❼ ❽ ❾

도그(Dog) 포즈

심호흡을 하면서 몸을 역동적으로 움직이는 동작들로, 자기 안의 생생한 에너지를 느끼며 하다 보면 생명력이 넘쳐난다. 아침에 떠오르는 태양을 바라보며 태양 예배를 하는 것이 내 아침 습관이다.

❼ 도그 포즈에서는 배가 움푹 들어가도록 숨을 깊게 들이마신다. 이 동작들을 계속하면 팔, 등, 배, 다리, 발목이 튼튼해지고 탄력이 생긴다. 간단한 동작이므로 꼭 해보기 바란다!

07

호흡

얼굴선과
보디라인을
아름답게

RESPIRATION

요가는 호흡 그 자체다.

심호흡을 하느냐 하지 않느냐에 따라 효과가 전혀 다르기 때문이다.

몇 분 되지 않는 짧은 시간의 심호흡과 동작만으로 몸의 긴장이 풀리고 활력이 넘친다. 몸과 마음이 다시 세팅되는 느낌을 맛볼 수 있다.

호흡은 요가뿐 아니라 '미(美)와 건강'을 지키는 데에도 빼놓을 수 없는 키워드다.

몸매를 가꾸는 것은 물론이요, 신진대사와 순환, 감정과 정신, 얼굴선과 체형에까지 영향을 미친다.

스트레스가 쌓이면 가슴이 점점 닫히면서 호흡이 얕아진다. 호흡이 얕으면 체내 순환이나 혈액 흐름이 나빠지고 안색도 안 좋아진다. 얕은 호흡은 색소침착과 부종의 원인이 되기도 한다.

호흡은 감정에도 큰 영향을 미친다. 이렇듯 호흡은 몸과 마음을 이어주는 구실을 한다.

예컨대 입으로 숨을 쉬면 입을 반쯤 벌리게 되므로 턱 주변 근육이 느슨해진다. 입호흡이 잦으면 얼굴선이 처지면서 이중 턱이 생길 수 있다. 평소에 입을 다물고 혀를 입천장에 붙여 코로 숨 쉬는 습관을 들여보자. 그것만으로도 머리가 개운해지고 얼굴선이 탱탱해진다.

요가를 하면서 심호흡하는 습관이 들면 피부도 좋아지고 체내 순환도 원활해져서 신진대사 능력을 향상할 수 있다.

입을 다물고 3초에서 5초 동안 천천히 코로 숨을 들이마신 다음, 다시 3초에서 5초 동안 코로 숨을 내쉬는 것이 이상적인 호흡법이다. 들숨과 날숨의 길이를 같게 함으로써 몸의 긴장을 풀고 몸과 마음의 균형을 유지할 수 있다.

호흡을 잘하려고 너무 신경 쓰다 보면 도리어 잘되지 않을 때가 있다. 그럴 때 배꼽으로 공기를 들이마시고 다시 배꼽으로 내뱉는 느낌으로 숨을 쉬면 심호흡이 한결 쉬워진다.

호흡의 울림을 귀로 들으면서 요가를 하면 머리와 몸, 그리고 마음까지 맑아지고 상쾌해지는 기분을 맛볼 수 있다.

언제 어디서든 심호흡을 하면 몸과 마음의 건강과 균형을 유지하는 데 좋다.

○ 요가에서 가장 중요한 호흡에 집중한다.
○ 코 호흡으로, 머릿속도 얼굴선도 깔끔하게 유지한다.
○ 바른 호흡법을 생활 습관으로 만든다.

08

취
미

운동으로 세상을
넓혀나가다

요가를 시작했을 즈음, 다른 취미도 갖고 싶다는 생각이 들어 무엇이 좋을지 찾게 되었다. 그러다 알게 된 것이 서핑이다.

되돌아보면 예상보다 훨씬 많은 것을 서핑에서 얻었고 게다가 그것들은 온통 멋있는 것뿐이다. 그래서일까. 서핑은 내 평생의 취미가 되었다.

친구 손에 이끌려 처음 서핑에 도전하던 날, 날아갈 듯이 행복한 기분과 온몸에 스며들던 짜릿함을 지금도 잊을 수가 없다.

무엇보다 서핑을 하는 동안 "너무 재미있다!"고 말할 수 있어서 좋았고 몸이 가벼워지는 느낌 또한 무척 새로웠다. 세월은 사람의 뒷모

습에 고스란히 묻어난다고 하는데, 서핑을 하면서 등과 허리, 엉덩이, 허벅지 뒤쪽이 어느 사이엔가 탱탱해져서 내 뒷모습이 아름다워지는 것을 느꼈다.

하와이에 갔을 때는 일주일에 다섯 번 서핑을 한 적도 있는데, 하면 할수록 가슴과 엉덩이가 업(Up)되는 것을 확인하게 되니 도무지 그만둘 수가 없었다.

"그렇게 날마다 바다에 들어가면 피곤하지 않아?" 이렇게 묻는 사람들도 있다. 그런데 피곤 이상으로 느끼는 보람도 보람이거니와, 파도타기가 정말 쉽지 않아서 서핑보드를 올라탈 때 밀려오는 기쁨과 환희는 이루 다 말로 표현할 수 없다.

파도를 타고 있으면 어린아이처럼 눈이 반짝반짝 빛나고 피부에 반들반들 윤기가 흐른다. 서핑을 하면 몸은 조금 피곤해도 마음이 편안해지면서 재충전하는 느낌이 든다. 그러고 보면 바다에 정화해주는 힘이 있는 것 같다.

기분이 가라앉을 때 바다에 들어가서 파도에 이리저리 떠밀리기도 하고, 파도를 타기도 하다 보면 어느새 몸과 마음이 위안을 받고, 바다를 나올 때쯤이면 모든 고민과 피로가 온데간데없이 날아가버린다. 언제 그랬느냐 싶게 기분이 상쾌해지는 것이다.

나는 서핑보드를 타고 대자연에 몸을 맡기면서 '벗어난다'는 감각

서른이 되기 전에 다이어트 습관을 들이다

을 비로소 알게 되었다. 서핑이라는 취미 생활이 해를 거듭할수록, 내 세계가 넓어지는 즐거움도 만끽하고 있다.

서핑이 아니라도 취미에 몰두하다 보면 새로운 만남과 동료가 생기고 그때까지 알지 못한 가치관과 조우하기도 한다. 내게 익숙한 세계와 전혀 다른 세계를 알아가는 놀라움이야말로 취미가 갖는 장점 중에 장점이다.

시야가 넓은 사람, 자기 세계가 풍부한 사람은 참 매력적이다. 나이가 들어서도 활기차게 살아가는 사람은 분명 자기가 좋아하는 일을 즐겁게 하는 사람일 것이다. 좋아하는 일을 열심히 하는 것, 그것이 젊게 사는 비결일지 모른다.

내 경우에는 가장 좋아하는 취미가 몸을 긴장시키고 탱탱하게 유지해주는 스포츠이니 일석이조가 아닌가.

자연과 함께하면 배울 것이 정말 많다. 똑같은 파도를 두 번 만날 수는 없다. 언제나 기회는 한 번뿐이다. 파도를 잘 타려면 파도에 몸을 맡기는 것이 중요한데 그러려면 어떻게 해야 하는지 생각하게 된다. 또 시선을 어디에 두느냐에 따라 파도 타는 방법이 달라진다. 그렇게 바다는 내게 많은 것을 가르쳐주었다.

또 서핑을 통해 내가 꿈꾸는 여성상에 다가갈 수 있을 뿐 아니라 아름다운 몸매도 만들 수 있었다. 내 인생과 생활 방식을 180도 바꿔

놓았다고 해도 과언이 아닐 만큼 서핑을 취미로 갖게 된 것은 행운이었다.

새로운 취미를 가지려는 사람에게 서핑은 물론이고 골프, 테니스, 조깅, 수영, 사이클, 철인 3종 경기 등 자연을 벗하면서 재충전할 수 있고, 몸은 건강하게 마음은 알차게 채울 수 있는 스포츠를 적극 권한다.

물론 취미는 사람마다 제각각이다. 몸을 단련하는 취미를 갖는다면 안티에이징에 최적의 조건을 갖춘 셈이다. 꼭 스포츠가 아니라도 "너무 좋아!" "즐겁다!" 하고 진심으로 말할 수 있는 취미를 찾는다면 반짝반짝 빛나고 행복한 나날이 당신을 기다리고 있으리라.

SHIHO
STYLE
8

○ 취미 생활로 나의 세계를 넓힌다.
○ 자연과 벗하며 몸을 건강하게, 마음을 풍요롭게 만드는 운동을 배운다.
○ 진심으로 즐겁다고 느끼는 취미를 갖는다.

09

코
어

균형 잡힌 운동으로
몸의 중심을 단련하다

CORE OF THE BODY

트레이닝을 시작했을 무렵, 내가 의식적으로 신경 쓴 부분은 몸의 축,
그러니까 체간(體幹)을 단련하는 일이었다.

운동 종목을 불문하고 정상에 오른 운동선수는 최고의 동작과 기
량을 유지하기 위해 바깥쪽 근육보다 안쪽 '체간' 단련을 더 중요하게
여긴다. 아름다움을 가꾸는 데도 이와 마찬가지다. 몸의 축, 체간을
확실하게 단련하면 자연스럽게 자세가 늠름해지고, 강직하면서도 유
연한 몸을 만들 수 있다.

당시에는 무아지경에 빠지듯 체간을 단련하는 트레이닝에 집중했
다. 체간을 단련하는 데에는 한 발 서기나 한 발 올리기처럼 불안정한

서른이 되기 전에 다이어트 습관을 들이다

자세에서 균형을 유지하는 동작이 효과적이었다.

두 팔과 두 다리는 몸통에 붙어 있는 부위이므로 팔과 다리만을 단련하기보다 그 근원이 되는 몸통을 확실하게 안정시키는 것이 더 중요하다. 그러면 팔과 다리가 갸름하고, 팔다리의 움직임이 아름답고 유연하다.

체간을 단련하는 기본 요령은 간단하다. 몸을 편안하게 해서 힘을 빼고 배 안쪽 근육을 쓴다는 느낌으로 동작을 취한다. 불안정한 자세로 흔들림 없이 서 있으려다 보면 체간이 저절로 단련된다.

내가 자주 하는 운동은 L·O·X·T 밸런스 트레이닝으로, 모두 네 종류다. L 밸런스는 옆구리에, O 밸런스는 고관절 주위에, X 밸런

스는 복부 주위에, 마지막으로 T 밸런스는 복부와 등 전체에 효과가 있다.

불안정한 자세에 익숙해진 다음에는 밸런스 볼이나 보드, 디스크, 스트레치 볼을 이용해서 똑같은 동작을 해보는 것도 좋은 방법이다.

체간을 단련하는 트레이닝을 아침이든 저녁이든 무리가 되지 않는 시간에 무리하지 않는 속도로 하면서 '즐거운 습관'으로 만들 것을 권한다.

양치를 하면서, TV를 보면서, 목욕을 하면서, 또는 잠깐 짬을 내어 동작을 취하다 보면, 일상생활에서 자기도 모르는 사이에 체간을 쓰게 된다.

그러다 보면 어느새인가 배가 홀쭉해지는 놀라운 경험을 할 수도 있다!

SHIHO
STYLE
9

○ 몸의 축, 체간을 단련한다.
○ 불안정한 자세를 취한 채 균형을 잡는 운동을 한다.
○ 몸을 움직일 때 복부 안쪽 근육을 쓴다.

시호의 체간 다이어트

체간을 단련하는 밸런스 트레이닝(Balance Training)은 집에서 손쉽게 할 수 있다.
내가 푹 빠져서 했던 'L·O·X·T 트레이닝'을 소개한다.

L TRAINING

1 밸런스 볼에 몸 옆쪽을 대고 눕는다.
2 발뒤꿈치를 벽에 대고 아래쪽 발은 앞으로,
　위쪽 발은 뒤로 벌린다.
3 상체를 일으켰다가 다시 눕는다.
4 좌우를 바꿔 여러 번 되풀이한다.

O TRAINING

1 어깨너비로 발을 벌리고 선다.
2 한 손을 벽에 대고, 반대편 손은 허리에 댄다.
3 벽 쪽에 있는 발을 축으로 다른 발의 무릎
　을 들어서 그대로 O 자로 돌린다.
4 좌우를 바꿔 여러 번 되풀이한다.

옆구리에 즉각적인 효과를 볼 수 있는 운동이다.
허리 살이 신경 쓰일 때는 천천히 여러 번 반복
한다.

고관절 주위에 효과가 좋고, 예쁜 엉덩이를 만드
는 데도 효과적이다. 발은 바깥쪽으로 확실하게
벌리고, 무릎을 크게 돌린다.

X TRAINING

1 오른손은 위쪽에서 45도 정도로, 왼손은 아래쪽에서 45도 정도로 비스듬히 뻗는다.

2 오른발로 균형을 잡으면서, 오른쪽 팔꿈치로 왼쪽 무릎을 터치한다.

3 다시 손과 발을 뻗어서 터치 동작을 되풀이한다.

4 좌우를 바꿔 같은 동작을 되풀이한다.

T TRAINING

1 양손으로 수건의 양쪽 끝을 잡는다.

2 한쪽 발을 축으로 해서 인사하듯이 그대로 상반신을 앞으로 숙인다. 이때 수건을 잡은 두 손을 앞으로 뻗고, 한쪽 발을 손과 일직선이 되도록 뒤로 뻗는다.

3 양쪽 무릎을 구부리고 수건을 잡은 양손과 뒤로 올린 발의 바닥을 바닥에 붙인다. 축으로 삼은 발은 그대로 유지하고, 수건을 잡은 양손과 올린 발을 원래의 일직선 상태로 천천히 되돌려서 T 자를 유지한다. 여러 번 되풀이한다.

4 발을 바꿔 여러 번 되풀이한다.

✔ 평소에 잘 움직이지 않는 복부 주변과 복근이 땅기는 듯한 느낌이 들면 성공이다. 몸의 축을 의식하면서 동작을 해보자.

✔ 복부와 등 전체를 쓰는 운동이다. 허벅지 단련에도 효과가 탁월하다. 몸을 늘인다는 느낌으로 동작을 크게 해보자.

10

계속

'꼭 해야 한다'가 아니라
'하고 싶다'

CONTINUATION

안티에이징을 꾸준히 할 수 있는 요령 가운데 하나는 '꼭 해야 한다'
가 아니라 '하고 싶다'는 마음을 갖는 것이다.

만약 '너무 귀찮지만, 하기는 해야지……'라는 의무감으로 하고 있
다면 당장 그만두는 편이 낫다. 어차피 오래 할 수 없기 때문이다.

행복한 미래를 만들기 위해 모처럼 시작한 안티에이징이, 마치 재
미없고 지루한 수업처럼 느껴진다면 무슨 의미가 있을까.

예컨대 날씬해지겠다는 일념으로 시작한 다이어트가 끼니를 굶고,
좋아하지 않는 음식을 먹어야 하고, 피곤한데 억지로 체육관을 가는
고행이 되어서는 안 된다고 생각한다.

나는 운동이든 식사든, 피부 관리든 체형 관리든, 무엇이든 '하고 싶다'는 마음에 응답한다는 느낌으로 하고 있다. 그런 마음이 들 때 나는 지체 없이 행동으로 옮긴다. 필요성을 느껴서 시작하기 때문에 지속할 수 있다.

'하지 않으면 안 돼'가 아니라 '하고 싶다'는 마음이 앞서야 무리 없이 계속하는 것 같다. '하고 싶다'는 마음으로 시작한 일을 꾸준히 하려면 '또 하고 싶다'는 마음이 들어야 한다. 그러려면 작은 노력이 필요하다.

예컨대 트레이닝을 할 때 나는 혼자 하지 않고 무리하지 않으며 짧은 시간 집중해서 한다. 또 예쁜 옷으로 스스로 동기부여를 한다!

서핑을 할 때는 다치지 않도록 주의하고 무리하지 않으며 바다를 잘 아는 사람과 함께한다. 또 마음껏 즐길 수 있는 기후와 파도를 선택한다!

식사의 경우 언제, 무슨 음식을 먹을지를 늘 신경 쓰려고 한다. 또한 최대한 식사 시간을 즐길 수 있도록 좋은 환경을 만드는 노력도 게을리하지 않는다. 이렇게 꾸준한 노력과 '하고 싶다'는 마음을 소중히 여기는 자세야말로 오랫동안 지속할 수 있는 비결이다.

SHIHO
STYLE
10

○ '하고 싶다'고 느낀 것을 행동으로 옮긴다.
○ '하고 싶다'는 생각이 들면 곧바로 실행한다.
○ 효과를 얻기 위한 상황을 만든다.

11

목표

내가 닮고 싶은
여성들

IDEAL

나이가 들어서도 아름답고 싶다면, '아름다운 사람이란 어떤 사람인지, 어떻게 해야 그 사람처럼 되는지'를 분명히 해야 한다.

당신은 어떤 여성이 되고 싶은가?

나는 '멋진 여자'란 어떤 여자인지, 일단 이상적인 여성상을 그린다. '~처럼 되고 싶다'는 동경은 발전과 전진의 원동력이다.

예를 들면 모델 촬영을 할 때 단순히 옷만 보여주기보다 그 옷에 어울리는 여성상은 어떤지, 기분은 어떤지 온갖 상상력을 동원해서 카메라 앞에 선다.

건강한 몸만들기 훈련을 할 때도 내가 동경하는 몸, 되고 싶은 몸

의 이미지를 분명히 하고 나서 트레이닝을 시작한다. 그러면 어떤 트레이닝을 하면 좋을지, 지금의 내 몸과 내가 동경하는 몸의 간극을 메우려면 내 몸의 어느 부위를 어떻게 단련할지, 구체적으로 할 일과 과정이 그려진다. 요즘 나는 빅토리아시크릿 패션쇼 모델을 꿈꾸고 있다. 그래서 체육관에서 트레이닝을 하면서도 그녀들의 쇼 프로모션 비디오를 보며 동기부여를 하고 있다.

또 내가 그리는 이상형 몸매를 지닌 여성의 사진을 찾아보기도 한다. 곰곰이 생각해보니 어느 시점마다 내가 동경하고 꿈꾼 여성상은 그즈음 내가 되고 싶어 한 여성을 상징하기도 했다.

모델 일을 시작했을 무렵, 내가 동경한 대상은 케이트 모스(Kate Moss)였다. 그녀의 사진집을 그야말로 구멍이 날 정도로 뚫어져라 보면서 '모스 같은 모델이 되고 싶어' 하면서 포즈부터 표정까지 모든 것을 흉내 내곤 했다. 20대에는 「로마의 휴일」을 보고 오드리 헵번(Audrey Hepburn)의 존재감과 연기에 매료되었다. 화가 조지아 오키프(Georgia O'Keeffe)와 샹송 가수 에디트 피아프(Édith Piaf)도 빼놓을 수 없다. 작품에 열정을 쏟아붓는 삶과 강렬하게 끌어들이는 표현력에 온통 마음을 빼앗겨서 그들에 관한 책과 작품, 노래, 자서전, 영화 등에 흠뻑 빠져 지냈다.

30대에는 사회봉사와 엄마로서의 역할에도 열심인 여배우 앤젤리나 졸리(Angelina Jolie), GOOP를 세운 귀네스 펠트로(Gwyneth Paltrow) 등 나와 같은 세대이면서 다양한 활동을 펼치는 여성들에게서 많은 자극을 받았다.

예전부터 직업이나 업적이 아닌, 그 사람 자체가 주목받는 매력적인 여성, 한 가지에 미친 듯이 열정을 쏟아붓는 인생을 살아가는 사람을 보면 이상하게 끌렸다.

40대가 된 지금 내가 동경하는 사람은 나보다 연상이지만 여전히 왕성하고 생기 넘치게 살아가는 여성들이다. 강인하면서도 아름다운 몸매를 가진 사람에게서는 눈을 뗄 수가 없다. 그중 한 명이 「일본 보그(Vogue Japan)」의 편집장 안나 델로 루소(Anna Dello Russo)이다. 독특한 패션 감각에 더할 나위 없이 아름다운 몸매까지, 인스타그램에 올린 수영복 사진은 정말이지 황홀 그 자체였다!

나이가 들어도 에너지가 넘치고 활기찬 사람을 보면 '멋지다' '정말 좋다'는 생각이 절로 든다. 주름진 얼굴을 하고도 '지금의 얼굴이

마음에 드는 사진집은 어떻게든 구해서 보고 또 본다.

20대에 영향을 받은 여성은 케이트 모스.
오드리 헵번은 내 영원한 동경의 대상이다.

가장 좋아!'라며 자연스럽게 미소 짓는 여성을 동경하고, 그런 여성을 찾으면 그녀의 작품이나 배경, 사고방식, 생활양식, 가치관 등을 내게 적용해보기도 한다. 그녀의 마음가짐을 느끼면 에너지도 공유할 수 있을 뿐 아니라 무엇보다 그녀에게 다가가고 있다는 느낌이 들기 때문이다.

이렇듯 늘 내가 꿈꾸는 여성의 이미지를 그려왔다.

이상이 없으면 이상에 다다를 수 없다. 아무 계획 없이 한때 유행하는 안티에이징법에 휩쓸려 되는 대로 살아가게 된다. 그러면 아름다움과는 더더욱 멀어질 뿐이다.

꿈꾸는 여성상이나 추구하는 아름다움의 기준은 사람마다 다르다. 마음 편하게 자유로이, 자신이 동경하는 이미지를 명확하게 그려보자. 그것이 가장 자기다운 아름다움을 찾는 방법이고, 더 자연스럽고 손쉬운 안티에이징법이다.

SHIHO
STYLE
11

○ 롤 모델을 정하고 그녀처럼 사는 방법을 생각한다.
○ 이상적이라고 생각하는 인물을 머릿속에 그린다.
○ 닮고 싶은 사람이 생기면 나에게 적용해본다.

12

체형

마른 몸보다
아름다운 몸이 좋다

BODY SHAPE

나는 30대에 '마른 몸'이 아니라 '아름다운 체형'을 목표로 삼았다. 안티에이징을 본격적으로 시작한 스물여덟 살 때부터 내가 꿈꾸는 몸은 한결같다. 여성스러운 부드러움과 유연함, 탄력 넘치는 강인함과 균형 잡힌 몸, 한마디로 강약장단(强弱長短)이 완벽한 몸, 늘 건강하고 아름다우며 부드러운 육체를 동경했다.

대부분의 사람은 체중에 신경 쓰지만, 일단 운동을 시작하면 더 이상 체중은 상관없어진다. 운동을 하면 지방보다 근육량이 많아지고, 살이 빠져도 체중은 불어나기도 하기 때문이다.

그러므로 30대에는 체중보다 지방에 신경을 쓰는 것이 좋다. 말랐

느니 뚱뚱하니 하는 것보다 자세나 체형의 아름다움이 더 중요하다. 약간 통통하고 살이 붙은 아주머니라도 자세가 예쁘고 가슴과 엉덩이가 탱탱하고 체형이 아름다우면 매력적이고 멋진 몸매로 보인다.

예전에 남자 친구들에게 여성의 어느 부위에 매력을 느끼는지 물어보면 '엉덩이' '목' '눈' 등 다양한 대답이 나왔다. 결국 '날씬한 사람이 좋다'는 남성은 별로 없다는 이야기다. 내가 어릴 때 할아버지는 "자고로 여자는 두루뭉술하고 통통한 편이 낫다" 하는 말씀을 자주 하셨다.

나도 어릴 때는 마르고 화려하면 예쁜 여자라고 생각했다. 하지만 30대부터는 무리한 다이어트로 살을 너무 빼면 오히려 초라해 보일 수 있으므로 주의해야 한다. 그 나이가 되면 어느 정도 몸에 볼륨감이 있어도 자세가 좋으면 옷맵시가 나는 법이다. 이는 내가 모델 일을 하면서 절실히 느낀 것이어서 자신 있게 말할 수 있다! 그러므로 무조건 살만 빼는 다이어트는 이쯤에서 졸업하자.

날씬해서 예쁘게 보이는 시절은 딱 20대까지다. 체중을 줄이는 다이어트 말고, 적당한 식사와 운동 '습관'이야말로 아름답고 멋진 30대를 만들어준다고 생각한다.

나는 10대 때 몸무게가 47킬로그램이었다. 20대에는 50킬로그램, 지금은 55킬로그램이다. 30년 동안 8킬로그램 정도 체중이 불어났

서른이 되기 전에 다이어트 습관을 들이다

다. 하지만 55킬로그램이라도 주위에서 "살 빠졌어?"라고 묻는 경우가 있다. 그 이유는 체중보다 '체형'의 변화가 크기 때문이다.

또 한 가지 말하고 싶은 점은 체중을 재지 않아도 자기 체중이 어느 정도인지 파악할 수 있는 감각을 익혀두라는 것이다. 그러려면 몸을 움직여 감각을 단련해서 자기 몸을 객관적으로 관찰하고 관리해야 한다는 자각이 필요하다.

적당히 먹고 자세를 바로잡으면서 가슴, 허리, 엉덩이 라인을 만드는 것. 앞으로는 이 점을 목표로 삼기를 권한다.

SHIHO
STYLE
12

○ 체중보다 체지방에 신경 쓴다.
○ 재지 않아도 체중을 파악할 수 있다.
○ 자세를 바로잡고 가슴, 허리, 엉덩이 라인을 만든다.

13

확인

매일 몸의 변화를
체크하자

ASCERTAINMENT

우리 몸은 날마다 아주 미묘하게 변하는데, 이상적인 몸을 상상하며
차근차근 관리하면 몸은 반드시 그에 부응한다.

나는 하루도 빠짐없이 아침저녁으로 두 번은 옷을 다 벗고 전신을
거울에 360도로 비추며 살펴본다. 언제부터인지 기억이 나지 않을
만큼 오래전부터 이 습관을 이어오고 있다.

입고 있던 옷을 일부러 벗는다기보다 아침에 샤워하고 나서, 저녁
에 씻고 나서 옷 갈아입기 전에 몇 분(단 1분 정도!) 동안 알몸으로 전
신 거울 앞에 서기만 하면 된다. 물론 적응하기까지는 약간의 용기가
필요하다.

서른이 되기 전에 다이어트 습관을 들이다

'내 몸의 현실과 마주하기'는 자신이 꿈꾸는 몸을 만드는 데 없어서는 안 되는 습관이다. 어딘가 문제가 있는 듯한데도 '아직 괜찮아. 기분 탓이야, 기분 탓……' 하고 모르는 척한다면 그것은 결국 방학 숙제를 미루는 것과 같다.

물론 기적은 일어나지 않는다.

용기를 내어 알몸으로 거울 앞에 서서 내 몸의 현실과 마주해보자. 얼굴, 팔, 가슴, 허리, 배, 다리, 엉덩이, 허벅지, 머리끝에서 발끝까지, 360도, 온몸을 살펴보는 것이다.

조금 이상한 곳을 발견하면 '이렇게 되면 좋겠다'는 느낌대로 살을 끌어 올려도 보고, 체형이 어떠하면 좋겠다고 상상해보기도 한다. 매일 하다 보면 배가 볼록 나왔는지, 골반 위치가 어떤지, 내장이 밑으로 처지지는 않았는지, 식사를 조금 신경 써야겠다든지 등등 몸에 관심을 갖게 된다.

예컨대 점심으로 튀김이나 육류보다 샐러드나 생선을 먹게 되고, 단 음식을 삼가게 된다. 의자에 앉아 있을 때나 걸을 때 몸자세 또한 달라진다.

무엇보다 일상생활에서 내 몸을 의식하고 주의하는 것이 아름다운 몸을 만드는 첫걸음이다. 조심하고 신경을 쓰면 그것만으로도 몸은 조금씩 좋은 쪽으로 변한다.

날마다 거울 앞에서 몸을 살피다 보니 며칠 기름진 식사를 하면 확실히 배 주위에 지방이 더 붙은 것을 알아챌 수 있다. 그 시기에 복부가 보이는 촬영을 하게 되면 배에 힘을 주고 있는 시간이 훨씬 길어진다.

월경 전에는 가슴이 커져서, 자세를 취할 때 평소보다 허리가 굽어지는 경우도 있다.

운동을 하면 운동 효과도 실감할 수 있을 뿐 아니라, 조금 게을리했을 때 어디에 살이 붙는지도 확실하게 알 수 있다. 우리 몸은 정말 솔직해서 자신의 행동을 고스란히 반영한다. 매일 몸을 살피다 보면 하루하루가 다른 몸의 변화를 알아채는 것이 재미있고 일상을 되돌아보는 계기도 된다.

알몸 체크는 몸을 파악하고 이해하는 것이 목적이다. 또 이상적이라고 생각하는 몸과 현실과의 격차를 줄여나가는 습관이다. 현실을 알고 이상에 다가가기 위한 과정인 것이다.

거울을 보고 몸과 대화를 나누는 일은 내 몸에 필요한 관리와 식사, 트레이닝이 뭔지 알 수 있는 간단한 방법이기도 하다.

그러다 보면 처음 거울 앞에 섰을 때의 충격은 거짓말처럼 사라지고 "어, 내 허리가 이렇게 잘록했나?" 혼잣말을 하기도 하고, 노력한 만큼 "어라, 여기 라인이 아주 탄탄해졌네!" 하는 식으로 기쁨에 겨운

발견을 할 수 있을 것이다.

흔히들 '여자는 거울을 볼수록 아름다워진다'는 말을 하는데, 어떤 의미에서 그 말은 진실이다. 절대로 나르시시즘이 아니다. 내 몸을 사랑하고 존중하는 행위다.

되도록 아침저녁으로 하루에 두 번, 어렵다면 매일 밤 샤워한 뒤 옷을 입기 전에 거울 앞에서 자신의 몸을 살펴보기 바란다.

객관적으로 몸을 감시하고 관리해야 함을 자각하고 몸을 소중히 대하면 반드시 행복한 변화가 찾아온다. 안티에이징에 대한 동기부여도 더욱 강해질 것이다.

SHIHO
STYLE
13

○ 매일 거울 앞에 서서 몸의 변화를 확인한다.
○ 나의 몸을 파악하고 이상적인 몸과의 격차를 줄여나간다.
○ 객관적으로 내 몸을 감시하고 관리한다.

14

관찰

자기 관리가
미래를 결정한다

모델이라는 직업 때문인지 "추천하고 싶은 피부 관리실이 어디예요?" 하고 내게 묻는 사람이 많다. 하지만 피부나 몸매 관리에 대한 내 기본 입장은 셀프케어다.

20대에는 서른다섯 살이 되면 정기적으로 피부 관리실이나 스파에 다녀야겠다고 막연하게 생각했다……. 그런데 마흔이 된 지금, 피부 관리실이나 스파에 의존하지 않고도 잘 지내고 있다.

이유인즉슨 요가와 트레이닝으로 몸을 움직이고 내 몸을 제대로 이해하게 되면서 내게 맞는 관리 방법을 찾았기 때문이다. 그래서 아직까지 단골 피부 관리실이 필요 없는 것 아닐까.

피부 관리실이나 스파는 정말 피곤할 때 도망치듯 달려가는 도피처다. 일시적 회복과 쾌락, 치유를 위해서는 최적의 장소다. 하지만 일시적 치유일 뿐, 당장은 효과가 있지만 유감스럽게도 2주, 한 달이 지나면 그 효과는 사라져버린다.

좋은 피부 관리실이나 스파를 추천받기 전에, 먼저 자기 피부와 몸을 잘 이해하는 것이 미래를 위해서 더 중요하지 않을까 생각한다. 자기 피부와 몸을 이해하고 대처법을 알게 되면, 피부 관리실에 의존하지 않고 셀프케어만으로도 충분하기 때문이다.

피부와 몸을 이해하려면 무엇보다 부지런히 움직여서 몸의 반응이나 감각에 민감해질 필요가 있다. 운동을 하면 단순히 살을 빼거나 탄력을 키우고 단련하는 것뿐 아니라, 몸에서 다양한 발견을 할 수 있다. 운동은 자기 몸과 마주하는 기회이기도 하다. 평소에 운동으로 몸과 대화를 나누며 몸을 느끼고 그 본질과 근본(체형, 체질, 성질, 버릇 등)을 파악하게 되면, 응급 상황이 발생해도 당황하지 않고 어떻게 대처하면 좋을지 냉정하게 판단할 수 있다. 물론 문제가 생기기 전에 예측하고 대비할 수도 있다.

나는 트레이닝, 요가, 서핑 덕분에 어느새인가 내 몸과 아주 좋은 관계를 이루게 되었다.

몸은 움직이면 탄력이 생기고 움직이지 않으면 처진다. 평소 취하

는 자세조차 체형에 영향을 미친다. 머리로만 생각해서는 알 수 없다. 실제로 몸을 움직이고 식사를 해보고, 게으름을 피워보기도 하고…… 그러면서 몸의 변화를 관찰하면 '아, 오늘은 컨디션이 좋네' '오늘은 몸이 좀 굳었는데' '몸이 이렇게 반응하는구나' '체력이 떨어졌어' '이 부분이 약하구나' '어깨가 뭉쳤으니 좀 움직여서 풀어줄까'와 같이 점점 알게 된다.

발이 부었다! 살이 쪘다! 어깨 뭉침! 요통! 피부 트러블! 자기 몸의 변화에 민감할수록 이런 증상을 잘 발견하고 또 자신에게 딱 맞는 대처법과 셀프케어를 준비할 수 있다. '여기를 풀어주면 낫는다!' '식사는 이렇게!' '잠을 자자!' '마사지를 좀 해야지!' '아로마 오일!' 이런 식으로 말이다.

그러므로 '어쨌든 피부 관리실이나 스파에 가면 안심'이라는 의존적 발상 대신 '스스로, 내가 알아서' 해보겠다는 생각을 먼저 해야 한다. 그러고도 너무 피곤할 때 가끔 '남의 손'을 빌리면 된다.

피부 관리실이나 스파에 가더라도 단순히 예뻐지고 싶다거나 편안해지고 싶다는 생각은 금물이다. '지금 이 부분이 부족하니까 이렇게 하고 싶다'와 같이 목적을 분명히 해서 선택해야 한다. 다시 말해 언제든 기본은 셀프케어할 수 있는 몸과 마음의 준비를 하고 그것을 습관으로 만드는 것이다.

나이가 들면서 변화하는 몸과 현명하게 사귀려면 평소에 몸을 많이 움직이고 수시로 내 몸을 마주하고 관찰해야 한다. 남에게 맡기지 않고 스스로 하는 자기 관리야말로 아름다워지는 법이다.

그 습관이 몸에 배느냐 그러지 않느냐에 따라 앞으로 맞는 30대, 40대가 크게 다를 것이다.

SHIHO
STYLE
14

○ 자기 관리는 남에게 맡기지 않는다.
○ 트러블이 일어나기 전에 예측하고 대비한다.
○ 스스로 아름다워지는 즐거움을 느낀다.

진짜 아름다움은
서른부터 만들어진다

피부에 모든 것이 나타나는 30대부터는
'민얼굴'이 아름답게 보이도록 관리하는 것이 가장 중요하다.
규칙적인 생활 습관을 들여서 '삶의 질'을 높이면,
투명하고 보드랍고 윤기 넘치는
아름다운 피부를 가질 수 있음을 알게 된다.

15

피
부

피부 미인의
일곱 가지 조건

BEAUTIFUL SKIN

아름다운 피부를 갖는 최고 조건은 고급 피부 관리실이나 스파에 다
니는 것도 아니요, 비싼 화장품을 쓰는 것도 아니다. 바로 규칙적인
생활 습관이다.

나 역시 하루하루 일상을 알차고 안정되게 보내면 피부가 아름다
운 맨살 미인이 될 수 있음을 깨달았다.

'균형 잡힌 식사' '일찍 자고 일찍 일어나기' '적당한 운동' '기초 피
부 관리' '쾌변' '스트레스 받지 않기' '웃는 얼굴' 이렇게 일곱 가지가
아름다운 피부를 유지하는 기본 조건이다. 나는 날마다 이 일곱 가지
를 명심하고 실천하고 있다. 재미있는 것은, 피부가 거칠어진다 싶어

진짜 아름다움은 서른부터 만들어진다

서 그 원인을 곰곰이 생각해보면 일곱 가지 조건 중 한 가지라도 빼먹은 것이 100퍼센트여서 무릎을 칠 때가 한두 번이 아니라는 사실이다. 그러므로 이 조건들만 잘 지키면 언제나 컨디션 좋은 피부를 유지할 수 있다.

그러고 보면 신체를 가꾸는 것도 중요하지만 내면을 가꾸는 것이 무엇보다 중요한 듯싶다.

균형 잡힌 식사

식사 내용은 아름다운 피부와 관계있다. 편식하지 않도록 주식(탄수화물), 주요리(단백질), 채소(비타민, 미네랄, 식물섬유 등) 등을 다양한 식재료로 균형 있게 섭취해야 한다. 아침에는 익히지 않은 채소나 과일 등 식물성 로푸드(raw food)를, 점심에는 3대 영양소인 탄수화물·단백질·지방을, 저녁은 우리 몸에 필요한 영양소가 듬뿍 들어 있는 제철 음식을 중심으로 식단을 짠다. 가장 이상적인 식사는 하루에 30가지 품목을 섭취하는 것이다.

일찍 자고 일찍 일어나기

수면 역시 아름다운 피부에 큰 영향을 미친다. 아침잠이 많았던 나도 일찍 자고 일찍 일어나는 습관을 들였다.

진짜 아름다움은 서른부터 만들어진다

아침에는 가볍게 샤워해서 몸속 시계를 리셋한다. 뇌 호르몬인 세로토닌의 분비를 촉진하여 스트레스도 해소한다. 생활이 규칙적이면 밤에 숙면을 취할 수 있다. 밤에는 피부조직을 재생하는 성장호르몬이 분비되는 밤 열 시에서 새벽 두 시에 숙면할 수 있도록, 일찍 자는 습관을 들인다.

늦은 시간에 식사하거나 소화가 잘되지 않는 음식을 먹으면 숙면하기도 어렵고 아침에 눈뜨기도 힘들다. 소화가 잘되는 음식을 일찍, 가볍게 먹는 것을 추천한다. 육류는 삼가고 생선이나 수프, 샐러드를 중심으로 먹는 것이 좋다. 저녁 식후에는 음식을 먹지 말되 수분 보충만 하고 잠자리에 들면 아침에 개운하게 일어날 수 있다.

적당한 운동

신진대사와 피부 재생(세포 재생) 사이클을 올려주어 피부 노화를 막는 운동은 아름다운 피부를 지키기 위해 매우 중요하다. 운동이 부족하면 윤기와 탄력이 없어지고, 오래된 각질이나 노폐물이 쌓여 주근깨나 종기의 원인이 된다.

적당한 운동은 신진대사와 혈액순환을 촉진하고, 새로운 세포를 만드는 영양분을 몸속 구석구석까지 보내준다. 심한 운동까지는 아니어도 빠른 속도로 걷거나 천천히 호흡하면서 스트레칭만 해도 좋다. 무리하지 않는 범위에서 몸을 움직이며 몸 상태를 늘 파악해야 한다. 운동 중에는 수분 보충을 잊지 말고, 코로 호흡하면 얼굴선도 예뻐진다.

기초 피부 관리

클렌징, 화장수, 미용액, 유액, 팩이 피부 관리의 기본 재료이다. 되도록 '짧은 시간에 간단하게' 화장하는 것이 나만의 방식이다. 특별 관리를 한다며 이것저것 쓰느라 시간과 노력을 허비하는 번거로운 화장보다는 부담 없이 지속할 수 있는 간단한 관리를 날마다 정성껏 하는 편이 낫다.

아침에 늦잠을 잤든 저녁에 음주를 했든 기초 피부 관리를 확실히 하고, 지속하고, 피부를 세심하게 관찰해서 계절에 따라 또는 문제가 생긴 피부 상태에 따라 제품을 골라 쓰는 것이 중요하다. 좀 더 자세한 내용은 뒷부분에서 소개하겠다.

쾌변

나는 다행히 변비는 없는 편이다. 투명한 피부를 유지하려면 필요 없는 것은 배출해야 한다. 변비가 지속되고 내장에 노폐물이 쌓이면 부종과 기미가 생기고 피부도 거칠어지기 쉽다.

쾌변을 보기 위해서는 적당한 운동, 수분 보충, 복식호흡, 섬유질·유산균·효소를 포함한 식사 등을 하고, 화장실 가는 타이밍을 놓쳐서는 안 된다. 그리고 변을 체크하는 것뿐 아니라 장내 환경을 정리하는 것도 아름다운 피부를 가꾸는 데 중요한 요소다.

스트레스 받지 않기

스트레스가 쌓이면 심신의 균형이 깨지고 자율신경(교감신경과 부교감신경)의 움직임이 약해져서 면역력이 떨어진다. 그 결과 호르몬 균형이 무너지면서 피지 분비가 증가하고 외부 자극을 받아 피부에 염증이 생기기 쉽다.

스트레스가 쌓이거나 고민이 있으면 자기도 모르게 얼굴을 찌푸리게 되는데 이는 주름의 원인이 된다. 짜증나거나 속상한 일은 마음에 담아두지 말고 늘 표출하는 습관을 들이고, 자기 나름의 스트레스 해소법을 마련한다.

나는 사람들과 대화를 많이 하거나 잠을 자는 것으로 스트레스를 푼다. 또한 부교감신경을 활성화하기 위해 미지근한 물에 몸을 담그기도 하고, 잠들기 전에 의식적으로 복식호흡을 한다. 호흡법을 이용해 명상을 하면 사욕이나 집착에서 벗어나면서 심신을 해방시킬 수 있어 스트레스 해소에 큰 도움이 된다.

웃는 얼굴

마음껏 크게 웃으면 면역력이 향상되고 기분이 상쾌해지며 피부도 좋아진다! 축 늘어진 피부, 팔자 주름, 이중 턱은 얼굴근육 이완이 그 원인 중 하나다. 얼굴에 있는 표정근육은 30가지가 넘는데 일상생활에서는 통상적으로 그중 30퍼센트도 사용하지 않는다고 한다.

그러니 근육조직이 쇠하지 않도록 날마다 많이 웃어서 표정근육을 단련한다. 근력이 향상되는 것은 물론이고, 주름도 펴지면서 아름다운 얼굴로 변한다. 아무리 피부가 좋아도 슬프거나 불행해 보이는 얼굴은 갖고 싶지 않다.

입꼬리를 올리고 입을 크게 벌려 '아- 에- 이- 오- 우-' 하고 발성 연습을 하는 것도 표정근육 단련에 효과적이다. 가장 추천하고 싶은 방법은 입을 앞으로 쭉 내밀고 입술을 떼서 '우-' 소리를 계속 내는 것이다. 입술 주변이 둥글게 볼록해지면서 팔자 주름을 방지할 수 있다. 평소에 입꼬리를 올리는 습관을 꼭 들이자!

SHIHO STYLE 15

○ 규칙적인 생활을 한다.
○ 아름다운 피부를 유지하는 일곱 가지 조건을 날마다 지킨다.
○ 외모보다 내면 케어를 강화한다.

16

바 탕

기초화장은
최대한 짧고
간단하게

BASE

아침과 밤에 빼놓을 수 없는 '기초 피부 관리' 5단계.

간편하면서도 날마다 정성껏 하면 아름다운 피부를 유지할 수 있다. 특별 관리를 한다며 시간과 노력을 허비하기보다는, 날마다 무리 없이 지속할 수 있는 방법을 선택하는 것이 훨씬 효과적이다. 아울러 쇄골은 얼굴과 연결되어 있으므로 함께 관리한다.

아침에는 1, 3, 5의 3단계로 단축하고 선크림을 바른다.

밤에는 5단계를 모두 한다. 건조하거나 피부 손상이 신경 쓰이는 날에는 3단계 다음에 보습 마스크 팩을 추가해서 집중 관리한다.

이 5단계에 걸리는 시간은 10분 정도. 단 10분, 겨우 10분이다. 아무리 시간이 없어도 기초 관리는 짧은 시간에 정성껏 하는 것이 철칙이다!

| STEP 1 | 아침에는 물, 밤에는 클렌징크림으로 세안만

너무 오래 씻으면 건조해지므로, 아침 세안은 어릴 때부터 물로 두들겨주는 느낌으로만 씻는다. 밤에는 마스카라를 칠한 눈 부위에 전용 클렌징을 사용하고 나머지 부위에는 클렌징크림만 쓴다. 그 외 세안 화장품은 일절 쓰지 않는다.

사에키 치즈(佐伯チズ) 선생님에게 배운 피부 미용법인데, 클렌징 크림은 너무 부드럽지도 너무 뻑뻑하지도 않고 피부에 잘 스며들어서 개운하고 깔끔하게 닦아 낼 수 있는 것을 선택한다.

| STEP 2 | 집중 관리

기미나 햇볕 그을음이 신경 쓰일 때는 스킨로션(화장수)을 바르기 전에 포인트 집중 케어를 한다. 나는 기미에 직접 스폿케어(spot care, 국소 관리) 로션을 바른다.

| STEP 3 | 스킨로션이나 토너로 수분 보충

'뽀송뽀송' '끈적끈적', 질감이 전혀 다른 두 종류의 화장수를 교대로

듬뿍 바른다. 아까워하지 말고 충분히 바르는 것이 포인트다. 뽀송뽀송한 스킨로션을 바르고 1분 휴식, 끈적끈적한 스킨로션을 바르고 1분 휴식. 피부가 건조한 정도에 따라 여러 번 반복할 수도 있다. 그래도 피부가 건조해서 신경 쓰일 때는 팩을 추가한다.

| STEP 4 | 로션 타임

건조, 보습, 주름, 미백 등 관리하고 싶은 요소에 따라 아이크림이나 미용 오일, 탄력 크림, 로션을 선택해서 바른다. 몇 가지를 섞어 쓰기도 한다.

| STEP 5 | 미용 크림으로 완성

계절에 따라 무겁게 바르기도 하고 가볍게 바르기도 한다. 피부 관리 마지막 단계로 얼굴 전체에 펴 바른다.

아침에는 가볍고 상쾌한 보습 크림이나 세럼을, 밤에는 무거우면서도 잘 스며드는 크림을 선택한다.

SHIHO STYLE 16

○ 아침에는 물, 밤에는 클렌징크림으로 세안한다.
○ 건조함은 피부에 가장 큰 적, 수분 공급을 철저히 한다.
○ 신경 쓰이는 부위는 집중 관리한다.

시호가 매일 쓰는 기초화장품

기초화장품을 고를 때는 브랜드를 따지기보다 피부에 발랐을 때 느낌이 좋은지,
피부에 잘 스며드는지, 자신에게 딱 맞는 듯한 느낌이 드는지를 살핀다.

클렌징크림

클렌징크림은 잘 스며드는 것을 선택한다.
시세이도(Shiseido)의 '크림 클렌징 에멀션'은 오랫동안 쓰고 있는 제품
이다. 카오(Kao)의 '크림 클렌징'도 가격 대비 괜찮다.

세럼+모이스처 팩(미용액+오일 팩)

네아스파(Neà spa)의 '토니코 비비피칸테 스킨' '시에로 안티루게 콘토
르노 오키 세럼' '마스케라 이드라탄테 펄 오프 마스크' '크레마 이드라
탄테 크림'을 늘 곁에 두고 사용한다.
라프레리(La Prairie)의 '스위스 아이스 크리스털 드라이 오일'은 보습력
이 좋다.

로션(화장수)

선물로 많이 받지만, 그중에서 에스티로더(Estée Lauder)의 '뉴트리셔스 바이탤리티 8'만큼은 내가 직접 구입한다. 안타깝게도 일본에는 들어오지 않아서 면세점이나 외국에서 사 온다.

SK-II의 피테라™ 시리즈는 가장 마음에 드는데 그중에서도 이 '페이셜 트리트먼트 에센스'는 보물처럼 아끼는 제품이다. 벨레다(Weleda)의 '아이리스 모이스처 로션', 신뛰르테(Sinn Pureté)의 '로션 비자쥬', AG의 '콘센트레이트', 에트니(Attenir)의 '드레스리프트 로션'은 모두 침투력이 높은 제품이다.

아이크림

드라메르(De La Mer)의 '더 아이 팜 인텐스'는 아침에 바르면 온종일 눈 주변에 윤기가 지속된다.

에스티로더의 아이크림 중에는 '리뉴트리브 콘튀르 아이'와 '리뉴트리브 UL 아이크림'이 좋다. 고기능성이고 종류도 다양하다.

17 숙면

수면 후 세 시간이
중요하다

SOUND SLEEP

아름다운 피부를 유지하는 데 '수면'은 빼놓을 수 없는 요소다. 수면 부족은 아름다움에서 벗어나는 갈림길이라는 것을 나이가 들수록 실감한다. 매일 숙면을 취하면 피부에 생기가 넘친다. 푹 자고 일어난 다음 날은 살갗이 보드랍고 투명감과 윤기, 탄력이 넘치는 상태로 회복된다. 반면 수면 부족은 피부 손상과 직결된다. 얼굴빛이 칙칙하고 모공이 벌어지며, 건조해서 주름이 생기기도 한다. 그러고 보면 피부는 정말 솔직한 것 같다.

　그렇다고 무조건 많이 자야 하는 것은 아니다. 아름다운 피부에 좋은 것은 수면 시간이 아니라 수면의 질이다!

피부 재생을 촉진하는 성장호르몬은 사람이 잠든 뒤 세 시간 정도 지나 깊은 잠(비렘non-REM 수면)이 들었을 때 많이 만들어진다고 한다. 수면 중에는 비렘수면과 렘수면이 반복되는데, 아름다운 피부의 비결은 얼마나 빨리 비렘수면으로 들어가느냐 하는 데 있다.

밤 열 시부터 새벽 두 시 사이에 호르몬 분비가 가장 왕성하기 때문에 늦어도 밤 열 시에 잠자리에 들고 그 뒤 세 시간이 숙면의 승부처다. 늦게 자거나 무조건 오래 잔다고 해서 호르몬이 계속 분비되는 것은 아니므로, 수면 리듬에 맞춰서 잠을 자는 것이 중요하다.

또한 같은 잠이라도 단잠과 선잠이 피부에 주는 효과는 전혀 다르다. 그러므로 질 좋은 깊은 잠을 자야 함을 명심해야 한다. 질 좋은 숙면이란 부교감신경이 활성화되어서 온몸과 뇌를 푹 쉬게 해주는 잠이다.

나는 언제 어디서나 깊은 잠에 빠지는 체질이었는데, 아이를 낳고는 새벽에 자주 깨고 작은 소리에도 눈을 번쩍 뜨는 경우가 잦아졌다. 너무 힘들어서 이런저런 궁리를 했다. 아이들은 신이 나서 하루 종일 뛰어다니며 놀다가도, 건전지 수명이 다한 것처럼 한순간 잠에 곯아떨어지는데 어른들은 그럴 수가 없는 것 같다. 그래서 더더욱, 질 높은 숙면을 취하고 싶었다.

내가 찾아낸 방법은 잠들기 전에 복식호흡을 하는 것이다. 배에는 자율신경을 조절하는 급소가 많이 모여 있기 때문에, 배를 안쪽으로 끌어당기면서 호흡을 반복함으로써 몸과 마음의 스위치를 끄는 것이다.

먼저 배꼽에 양손을 얹고 3, 4초 동안 천천히 코로 숨을 들이마시고, 같은 자세로 3, 4초 동안 천천히 배를 당겨 들이면서 숨을 토해 낸다. 그대로 3, 4초 동안 숨을 멈추고 늑골 쪽으로 내장을 밀어 올리듯이, 배꼽과 등이 달라붙는 상상을 하면서 손으로 배를 누른다.

배가 홀쭉해진 상태에서 여러 번 이 호흡을 반복한다. 서서히 몸의 힘이 빠지면서 따뜻해지는 느낌이 오면, 교감신경과 부교감신경의 스위치가 변환되었다는 증거다.

잠을 푹 자기 위해서는 이 자율신경 스위치를 변환하는 것이 중요한데, 스트레스가 쌓여 있으면 배가 딱딱하게 굳어 스위치 변환이 잘 되지 않는다.

머리가 멍해서 잠이 오지 않거나 잠을 자도 피곤이 가시지 않는 이유도 잠자는 동안에 교감신경(활동 모드)이 우위에 있기 때문이다. 그럴 때는 이를 갈기도 하고 다음 날 아침에 심한 어깨 통증을 느끼며 잠에서 깨기도 한다.

'아아, 오늘은 정말 피곤했어……'라는 생각이 드는 날일수록 1분이든 2분이든 복식호흡을 하고 잠자리에 드는 것이 좋다.

또한 파란빛은 교감신경을 활발하게 하기 때문에, 요즘은 되도록 잠들기 한 시간 전에는 휴대전화나 컴퓨터를 보지 않으려고 노력한다.

얕은 잠을 피하고, 잠들고 나서 세 시간 동안은 질 높은 숙면을 취한다는 목표를 세우자.

SHIHO
STYLE
17

○ 잠들고 나서 세 시간 동안은 질 높은 숙면을 취한다.
○ 배를 홀쭉하게 하는 복식호흡으로 몸과 마음의 스위치를 끈다.
○ 취침 한 시간 전에는 휴대전화와 컴퓨터를 보지 않는다.

시호의 수면 친구

숙면을 위한 환경 만들기에도 최선을 다한다.
침대 주위는 기호품으로!

침대

매트는 단단하고, 큰대자로 누워 잘 수 있을 만큼 큰 것을 마련했다.

베개

내가 가장 좋아하는 베개는 면으로 된 부드러운 것 또는 텐퓨르의 오리지널 S 사이즈다.
각기 다른 크기의 깃털 소재나 텐퓨르 대형 사이즈 베개를 두 개 이상 준비한다.

이불, 담요

봄가을에는 베어풋 드림스(Barefoot Dreams)의 담요, 여름에는 실크 소재의 얇은 이불을 덮고, 겨울에는 베어풋 담요에 우모 담요를 보탠다.

시트

실크 같은 질감이 기분 좋은 이집트 면. 여름에는 마 소재를 깐다.

잠옷

실크나 면, 마와 같이 촉감이 좋고 가볍고 보드라운 것이 좋다.

속옷

브래지어는 와이어가 없고 몸을 조이지 않는 것이 편하다. 팬티는 입지 않는다.

커튼

1급 차광커튼. 빛을 완전히 차단하는 소재를 쓴다.

습도

온도계, 습도계를 설치해서 평균 64퍼센트 습도를 유지한다. 여름은 드라이어로 제습하고, 겨울은 가습기로 조정한다.

배

잠자기 전에는 복식호흡으로 긴장한 몸을 이완한다.
부교감신경을 활성화해 숙면을 취한다.

18

쾌변

내가 아침마다
확인해야 하는 것

INTESTINAL REGULATION

요즘 들어 '장 활동' '깨끗하고 아름다운 장'이라는 말을 종종 듣는다. '장은 제2의 뇌' '피부는 장을 비추는 거울'이라고 할 만큼 장 건강은 아름다움과 건강의 근원이다.

기초화장품을 아무리 값비싼 제품으로 사용해도 장내(腸內) 환경이 좋지 않으면 아무 소용이 없다.

나는 평소에 쾌변을 보는데 아침마다 거르지 않고 '배변 체크'를 한다.

장내 환경이 좋아서 장이 깨끗하다면 '아, 역시 장은 정말 길구나' 하고 감동할 정도로 끊어지지 않고 적당한 굵기의 부드러운 변이 나온다. 이상적인 색깔은 황토색이다. 반대로 변이 아주 단단하고 검으며 가늘면 '어제 섬유질이 조금 부족했나' 하고 생각하고, 설사하거나 변이 아주 묽을 경우에는 '스트레스가 쌓였나, 과음해서 장속이 더러워졌나' 하고 짐작한다. 이와 같이 변을 살피면 장의 건강상태를 한눈에 확인할 수 있다. '배변 체크'는 장내 환경의 척도로서, 조심스럽지만 소리 높여 꼭 추천하고 싶은 것 중 하나다.

장 건강에는 수면, 식사, 호흡, 운동도 직접적 관계가 있기 때문에, 만약 아침 배변 체크 결과가 좋지 않다면 수면 부족은 아닌지, 식생활에 문제는 없는지, 호흡이 너무 얕지는 않은지, 운동 부족은 아닌지 등 생활을 되돌아보는 습관을 들여야 한다.

장은 자율신경계 균형과도 직결되므로 건강하다고 해도 장내 환경이 좋지 않으면 순간적으로 불안해지거나 정서불안 상태가 되기도 한다. 다시 말해 장을 잘 관리하면 아름다운 피부를 얻을 뿐 아니라 마음도 말끔히 해독되면서 왕성하게 활동할 수 있게 된다. 그러기 위해서라도 물을 충분히 마시고 적절한 운동 습관을 들여야 한다. 효소나 유산균, 식물섬유도 많이 섭취하기를 권한다.

나는 배가 딱딱한 날이면 잠들기 전이나 일어났을 때 '복부 체크'를 하고 마사지를 한다.

배가 딱딱하면 자율신경계가 혼란스러워지고 변비가 생기기 쉬우며 내장지방도 두꺼워진다. 반면에 배가 말랑말랑하면 부교감신경이 우위에 있고 체온이 올라가면서 신진대사도 향상된다.

'복부 체크'는 누운 상태에서 배를 손가락으로 눌러 배가 딱딱한지 말랑말랑한지 알아보는 방법으로 간단히 할 수 있다.

배꼽 밑, 오른쪽과 왼쪽을 손가락으로 10초에서 20초 정도 꾹 누른다. 처음에는 약간 아플 수 있지만 계속하면 혈액순환이 좋아지면서 체온이 올라가고, 장내 환경이 변하는 느낌을 받는다. 내장이 아래로 처지면 배가 볼록하게 부풀어 오르는 원인이 되기도 한다. 그럴 때는 배를 조금씩 밀어 올려 내장을 끌어 올린다는 상상을 하면서 급소를 누르면 효과적이다.

요즘은 '낙하장(落下腸)'이라고 해서, 장이 정상 위치보다 아래로 처진 사람이 많다고 한다. 이는 변비 때문일 수도 있으므로 평소에 변비가 있는 사람은 주의할 필요가 있다. 수시로 장을 끌어 올리듯 마사지하면 장이 처지는 것을 방지할 수 있고 복부가 탄탄해지는 효과도 볼 수 있어서 적극 추천한다.

생활 습관을 되돌아보고, 이따금 복부 마사지를 하며 장내 환경에 신경 쓰기를 바란다.

○ 아침마다 배변 체크를 한다.
○ 잠들기 전과 일어났을 때 복부를 체크하고 마사지한다.
○ 내장을 끌어 올려서 장 처짐 현상을 방지한다.

19 얼굴

작고 균형 잡힌
얼굴을 만드는 법

SMALL FACE

잠자면서 자기도 모르게 이를 갈거나 입술을 깨무는 사람이 있다. 당신도 그런 경험이 있는지?

이를 가는 버릇이 있는 사람은 관자놀이 뒤쪽에 있는 관자근이나 턱 주위의 교근(咬筋, 깨물근)을 쓸데없이 사용하게 되어 얼굴선이 삐뚤어질 수도 있고 깊은 잠을 이루지 못할 수도 있다.

나도 잠잘 때 이를 가는 버릇이 있는데, 몹시 바쁘거나 고민거리가 있는 날에는 어김없이 이를 갈게 된다. 다음 날 아침에 거울을 보면 미간에 주름이 생겼을 정도다. 필요 이상으로 몸이 긴장한 날이나 오래 움츠린 날에도 자다가 이를 간다.

이 가는 버릇을 고치려고 교정 선생님에게 '입 벌리기' 동작을 배웠는데 방법이 아주 간단하다. 침대에 누우면 눈을 감고 입을 벌리고 잔다. 단, 입을 벌리고 있으면 목이 건조해지기 쉬우므로 혀를 위턱 뒤편에 붙인다. 그렇게 하면 입을 벌리고 자도 목이 닫히면서 자연스럽게 코로 호흡할 수 있다.

요가 자세에도 이렇게 입을 크게 벌리고 긴장을 푸는 자세가 있는데, 턱의 힘을 빼면 온몸의 힘을 쉽게 뺄 수 있다.

잠잘 때 입을 벌리면 머리 부위의 긴장이 풀리면서 이 가는 것을 방지할 수 있게 된다. 몸도 부드러워져서 이완 상태에 놓일 수 있다.

이 가는 버릇이 줄어들면 근육을 쓸데없이 쓰지 않기 때문에 얼굴선도 예뻐지고 얼굴이 작아 보이는 효과도 있다. 이를 갈지 않으려고 입을 벌리고 잔 다음부터 사람들이 내게 얼굴이 작아졌다는 말을 자주 하는 것 같다.

그 외에도 머리를 유연하게 하면 얼굴근육이 탱탱해지고 주름, 피부 처짐, 부종 등을 방지할 수 있으므로 머리 스파나 두피 마사지를 하는 것도 좋은 방법이다.

아로마 오일로 두피를 마사지하면 뻣뻣한 머리가 부드러워지고 혈액순환이 좋아져서 얼굴에도 혈색이 돈다.

뭉친 부분이 풀리면 피부 컨디션도 좋아지기 때문에, 두피와 얼굴은 연결되어 있음을 실감하게 될 것이다. 작은 얼굴을 꿈꾼다면 머리와 턱을 유연하게 만들자.

○ 이 가는 것을 방지하려면 혀를 위턱에 붙이고 '입을 벌리고' 잔다.
○ 두피를 손가락으로 어루만지듯 머리를 감는다.
○ 머리와 턱이 유연해지도록 셀프 마사지를 한다.

마흔 전에
우아함을 연습하라

피부는 물론이고 몸과 마음을 아름답게 가꾸는 것을
중요하게 여기게 되는 30대,
내면에서 빛나는 아름다움을 지니려면
보이지 않는 곳을 철저히 관리해야 한다.

20

투 명

맑은 피부를 위해서는
물을 마신다

TRANSPARENCE

멋진 여성을 상상하면 투명한 피부가 먼저 떠오른다. 나이 들수록 투명함을 잃어가는 것 같아서일까, 피부가 맑고 투명한 사람을 만나면 빨려들 것 같다. 그런 경험을 하다 보니 30대에 들어서 투명한 피부에 유난히 집착하게 되었다.

언제나 맑고 투명한 피부를 유지하고 싶고, 경험과 지식이 아무리 풍부해져도 마음만은 순진무구하고 순수하게 살고 싶었다. 모델이라는 직업이 아무래도 화려함을 중요시하기 때문인지는 모르지만, 그 무엇에도 물들지 않은 신선한 존재를 늘 동경했다. 그래서 미용 관리를 할 때도 투명함 넘치는 아름다움을 꿈꿨다.

마흔 전에 우아함을 연습하라

음료로 물을 마시는 것은 기본이다. 주스를 마실 때도 늘 신선한 주스를 찾고, 언제인가부터 당분이 많이 들어간 농축 주스는 마시지 않았다.

신선한 물을 많이 마시고 체내 순환을 좋게 하는 것이야말로 '투명함'의 첫째 요소다. 아무리 피부 표면을 특별 관리해도, 수분이 부족하면 피부는 건조해지고 신진대사 능력도 떨어진다. 그러면 피부 안쪽에서 피어나는 투명함은 기대할 수 없다.

투명하고 아름다운 피부를 만들려면 피부 표면 관리보다 식사와 수면 등 눈에 보이지 않는 내면의 관리가 훨씬 중요하다.

그중에서도 '물'의 역할은 정말 대단하다. 인간의 몸은 약 60퍼센트가 물로 이루어져 있다. 물은 생명을 건강하게 자라게 해준다. 그뿐 아니라 수분은 피부와 머리카락을 윤기 있고 촉촉하게 해준다.

나는 아침에 일어나자마자 한 컵, 밤에 잠자기 전에 한 컵을 반드시 마시는 것은 물론이고 식사나 업무 중, 트레이닝 중간 등 언제 어디서든 수분이 부족하지 않도록 신경 썼다. 그 외에도 몸이 탁해지는 것은 최대한 피하려고 했다.

예전에 크리스챤 디올(Christian Dior)에서 메이크업 크리에이티브와 이미지 디렉터를 맡고 있는 피터 필립스(Peter Philips) 씨와 이야기 나눌 기회가 있었는데, 그는 나보다 연상인데도 피부가 매우 투명하

고 아름다웠다.

그 비결을 묻자, 그가 커피는 마시지 않고 담배도 피우지 않으며 술은 백포도주만 마신다고 답했다. 그제야 비로소 납득이 되었다.

사실은 나도 그와 마찬가지로 커피를 잘 마시지 못한다. 꼭 마셔야 한다면 차 종류를 마시는 정도다. 담배도 체질에 맞지 않아서 피우지 않고 와인도 적포도주보다는 백포도주를 선호한다! 내가 만약 애연가에 커피를 좋아하고 적포도주를 즐겨 마셨다면 지금보다 훨씬 피부가 칙칙하고 거칠었으리라. 물론 사람마다 기호품이 다르지만, 투명감 넘치는 피부를 진심으로 꿈꾼다면 무엇을 입에 대야 하는지 신중히 생각해볼 일이다.

내가 달콤한 주스 종류를 자연스럽게 마시지 않게 된 것처럼, 투명하고 아름다운 피부를 유지하는 삶을 선택하게 되면 몸을 탁하게 만드는 것은 자신도 모르게 피하고 싶지 않을까?

SHIHO
STYLE
20

○ 신선한 물을 많이 마신다.
○ 몸을 탁하게 하는 것을 피한다.
○ 무엇을 입에 대야 할지 생각한다.

21

윤기

건조함이
노화를 부른다

피부뿐 아니라 머리카락이나 손끝, 발끝 등 몸 구석구석이 건조하고 관리가 잘되지 않으면, 늙어 보이고 촌스러운 30대를 맞이하게 된다는 것을 알았다.

아무리 멋쟁이라도 손톱이 지저분하고 머릿결이 푸석거리면 왠지 좀 모자란 느낌이 든다. 반면에 전체적으로 곱고 아름다운 사람을 만나면 눈을 뗄 수가 없다. 시간적으로도 심적으로도 여유가 있는 사람이구나 하고 그 사람의 라이프스타일 자체에 감탄하게 된다.

바쁘게 살다 보면 미용실이나 피부 관리실에 가지 못하고 자꾸 미루다가 시간만 흘려보내기 일쑤다. 그러면서도 윤기 있는 머릿결, 보드라운 손발, 촉촉하고 탄력 있는 피부를 가진 곱고 아름다운 여성으로 남고 싶다는 생각을 늘 한다.

머리카락이나 손톱, 팔꿈치, 무릎, 발뒤꿈치 등 건조해지기 쉬운 부위를 자주 관리하는 것이 중요하다고 생각하면서도, 믿고 맡길 수 있는 살롱을 몇 곳 알아두고 싶은 것도 솔직한 심정이다.

헤어스타일의 경우, 커트는 물론이고 마사지, 트리트먼트, 샴푸와 컨디셔너, 휴대용 헤어드라이어, 머리 관리 제품 등 용도별로 제품을 갖춘 가게를 알아두는 것도 좋다.

손발톱과 관련해서 나는 살롱을 다닌다. 기본 관리에서부터 '취향 저격' 네일아트, 안정을 취할 수 있는 분위기, 관리 시간까지를 고려하고 미용 정보도 얻기 위해서다.

피부 관리는 제품에 관한 상세한 정보를 줄 뿐 아니라 상담까지 가

용도별로 사용할 수 있는 우카의 네일 오일과 헤어 오일. 포장 용기가 무척 귀여워서 종류별로 갖춰놓고 싶다.

입술 보습에 탁월한 클라란스의 인스턴트 라이트 립 컴포트 오일.

능한 지인이 있으면 든든하다.

　헤어 드라이 하나만 보더라도 역시 전문가의 손길이 빚어내는 윤기에는 정말 필적할 수가 없다. 날마다 전문가를 찾아갈 수는 없지만, '바로 지금이야!'라고 느낄 때는 전문가에게 부탁해도 좋다. '프로의 관리+셀프케어'를 잘 활용하면 아름답고 보드라운 피부와 머릿결을 충분히 유지할 수 있으므로, 정기적으로 살롱에 가서 관리를 받자.

　셀프케어를 할 때 윤기를 내는 데 쓰는 애용품은 클라란스의 '인스턴트 라이트 립 컴포트 오일'이다. 내가 가장 좋아하는 입술용 제품으로, 막이 '싹' 처지는 것처럼 입술을 감싸고 촉촉하게 해준다.

　손발톱과 머리에는 우카의 '네일 오일'과 '헤어 오일'을 추천한다. 제품 모두 향이 좋고 크기가 아담해서 휴대가 간편하기 때문에 언제 어디서나 꺼내 바를 수 있다. 헤어 오일은 바람 부는 날, 비 오는 날,

그랜드 하얏트 도쿄의 나고미(Nagomi) 스파 앤드 피트니스의 나고미 뷰티 오일과 얼굴·몸·머리털 등 건조해지기 쉬운 곳은 어디나 OK인 보타니슈엘(Botanischol)의 페이스 앤드 보디 오일. 비타민, 미네랄 성분도 풍부하다.

바다에 가는 날 등 용도별로 나뉘어 있기 때문에, 필요한 상황에서 윤기를 내기에는 최적인 제품이다.

얼굴과 몸 어디에나 사용할 수 있는 만능 오일도 가지고 있으면 편리하다. 신시아가든(Sincere Garden)에서 개발한 안티에이징 계열인 보타니슈엘(Botanischöl)이나 그랜드 하얏트 도쿄의 나고미(Nagomi) 스파 앤드 피트니스의 뷰티 오일을 애용하는데, 얼굴 건조가 신경 쓰일 때는 보습 크림과 섞어서, 몸에는 보디 크림과 섞어서 쓴다. 피부에 잘 스며들고 보습력이 좋아 피부가 촉촉하고 탱탱해져서 자신 있게 추천한다. 파티에 갈 때나 다리를 드러내는 옷을 입을 때도 만능 오일을 바르고 외출하면 든든하다. 스킨 오일은 늘 갖고 다니면 건조할 때 바로 대처할 수 있다는 장점 때문에 추천한다.

얼굴 보습 팩뿐 아니라 손발 전용 보습 장갑이나 양말을 준비해두면 건조해지는 계절에 유용하게 사용할 수 있다.

조금만 신경 쓰고 관리하면 전체적으로 부드럽고 아름다운 여성을 꿈꿀 수 있다.

○ 관리를 믿고 맡길 수 있는 살롱을 몇 군데 확보해둔다.
○ '전문가 케어+셀프케어'로 윤기를 유지한다.
○ 전체적으로 부드럽고 아름다운 여성을 꿈꾼다.

22

수분

피부에 수분,
몸에 영양,
마음에는 행복을

MOISTURE

촉촉함이란 피부에 수분, 몸에 영양, 마음에 행복이 넘쳐날 때 저절로 발현되는 것이 아닐까.

크게 부족하거나 해서 난처한 경우가 거의 없기 때문에, 웬만해서는 의식하지 못하고, 설령 의식적으로 촉촉함을 신경 쓰려고 해도 어느 순간 다른 일에 정신이 팔려 깜빡 잊어버리기 일쑤다.

그러다 보니 규칙을 정해놓지 않으면 지나치기 쉽다. 수시로 물을 마시거나 휴대용 물병을 늘 갖고 다니는 것은 유용한 규칙이다. 영양을 생각해 다양한 음식을 섭취하고 보조 식품이나 영양제 등을 챙기는 것도 좋은 방법이다.

마음이 행복하려면 늘 자기 기분대로 솔직하게 살아야 한다고 생각한다. 마음과 행동이 자연스럽게 일치하지 않으면, 자기 안에 모순이 생겨서 행복을 느끼지 못하기 때문이다.

솔직히 말해 여성스러움을 만끽하고 싶다면 이성과 사귀는 것이 가장 확실한 방법이다. 이성을 만나면 몸과 마음이 점점 개방되고 마음도 아주 편안해지는 것을 느낀다. 그렇게 피부와 몸과 마음을 채워 나가는 것이 촉촉함을 유지하는 비결이다.

내가 가장 촉촉하다고 느낄 때는 숙면하고 난 다음 날이다. 편안하게 단잠을 잔 다음 날 아침에는 피부도 부드럽고 탱탱하다.

여성은 30대가 넘으면 호르몬 영향을 전보다 훨씬 많이 받는 것 같다. 여성호르몬은 젊음과 아름다운 피부, 여성스러운 몸과 깊은 연관이 있는데, 그 외에도 탄력 있고 탱탱한 머리털과 단단한 뼈 등 건강한 신체와 임신과도 관련이 있다.

특히 신경 써야 하는 점은 호르몬 분비를 촉진하는 영양소를 고려한 식사다. 예컨대 나는 비타민 E가 풍부한 녹황색 채소, 이소플라본이 풍부한 콩 제품, 단백질이 많이 함유된 청어, 콜레스테롤 식품인 달걀을 자주 먹는다.

아침에는 견과류나 아보카도, 시금치를 활용한 샐러드와 달걀 한 개를 먹는다. 낫토도 반드시 냉장 보관했다가 주기적으로 챙겨 먹는다.

생선도 아주 좋아하는 식재료 중 하나이고 허브차도 수시로 마신다. 레몬 밤, 카밀러(캐모마일), 로즈, 샐비어 같은 허브는 여성호르몬 분비에 효과가 좋으므로 적극 추천한다.

특히 마음을 끄는 것은 고대 인도의 전통 의학인 아유르베다(Ayurveda)의 유기농 요기차(Yogi Tea)다. 종류도 많고 맛도 모두 독특하고 좋다. 여성들에게 권하고 싶은 차는 우먼스 문 사이클 차(Woman's Moon Cycle Tea)다. 향과 맛이 짙고 마실 때마다 '몸에 좋구나~' 하는 느낌이 팍팍 전해진다.

가장 손쉬운 방법은 아로마 오일을 넣고 목욕하는 것이다. 향이 좋고, 피곤에 찌든 날 특히 치유받는 느낌을 맛볼 수 있다.

아로마 오일을 넣고 욕조에서 편안히 몸을 풀어주고, 허브차로 체온을 올려주는 것도 좋다. 여성호르몬 분비를 왕성하게 하려면 몸을 차게 하지 않는 것이 중요하다.

일상생활에서 조금만 신경 써서 피부와 몸과 마음을 가득 채우고 촉촉함도 유지해보는 것이 어떨까.

SHIHO STYLE 22

○ 피부에는 수분을, 몸에는 영양을, 마음에는 행복을.
○ 이성을 만난다.
○ 여성호르몬 분비에 효과가 있는 식사를 하고 허브차를 마시고 아로마 오일로 목욕한다.

23

순환

시원한 바람과
맑은 물이 흐르는
이미지 떠올리기

CYCLE

아름답고 보드라운 피부를 생각할 때 떠오르는 것은 막힘없는 몸과 마음이다.

기분 좋은 바람이 불어오고 앞에는 맑은 물이 흐르는 느낌이랄까.

디톡스(해독)라는 말이 유행한 지 오래다. 나 역시 평소에 몸속에 필요 없는 노폐물을 막힘없이 배출하려고 노력해왔다.

몸의 디톡스가 변비를 비롯해 노폐물이 몸속에 쌓이지 않도록 하는 것이라면 마음의 디톡스는 부질없는 생각이나 고민을 되도록 털어버리는 것이다.

막힘이 없다, 흐른다, 순환한다…… 이 말들은 안티에이징에서 가

장 기본적이면서도 중요한 키워드라고 할 수 있다.

예컨대 아무리 몸부림쳐도 부정적인 마음이나 의미 없는 생각이 머리 한구석에 또는 마음 어딘가에 달라붙어 있지는 않는가? 그런 마음과 생각을 좀처럼 털어내지 못하고 무의식중에 끌려다니지는 않는가?

평소에 호흡이나 요가 습관을 들이면 몸과 마음의 디톡스에 효과적이다. 몸속 공기를 순환시키고 림프와 혈액의 순환을 좋게 하며, 기를 다스려 막힘을 없앤다. 호흡이나 요가를 습득하면 순환해야 할 것, 해야 할 일 등을 몸이 먼저 알려줄 것이다.

그 외에도 한 달에 한 번 디톡스의 날을 정해놓는다. 온종일 채소나 과일 주스만 마시면서 위장을 쉬게 하는 것이다. 물론 그러다가도 깜빡하고 다른 음식을 먹기도 한다. 그럴 때는 주스만 먹는 날을 다시 정하면 된다.

직접 해보면 몸이 가벼워지는 것을 느끼고 평소에 얼마나 과식하고 있는지 알게 된다. 식사할 때는 한 숟가락을 떠먹고 맛을 음미하면서 고마운 마음을 절실히 느껴본다.

좋은 순환을 위한 기본은 '수분'과 '호흡'과 '리셋버튼'이다. 목이 마르기 전에 수시로 물을 마시고, 요가로 심호흡을 한다. 그리고 한 달에 한 번 디톡스의 날을 정한다.

몸속 정체를 없애고 좋은 흐름을 만들어서 순환시킨다는 상상을 하면 분명 몸속 전체가 순환하기 시작할 것이다.

거기에 최고의 리셋버튼인 '명상'을 더해 모든 것을 물과 함께 흘려 보낸다.

하루하루 명상을 생활화하다 보면 어느새인가 몸과 마음에 시원하고 기분 좋은 바람이 불고 맑은 물이 흐르는 순환의 분위기가 만들어질 것이다.

SHIHO
STYLE
23

○ 막힘없이, 흐른다, 순환시킨다.
○ 한 달에 한 번 디톡스의 날을 만든다.
○ 물과 호흡과 리셋버튼으로 좋은 순환을 꾀한다.

24

명상

내려놓음으로
마음을 깨끗하게

MEDITATION

명상은 나에게 최고의 리셋버튼이며 마음 치유법이다.

명상을 하면 몸속에 좋은 기운이 가득 차고, 몸과 마음이 모두 충실해지는 것을 느낀다.

깊은 명상을 마치고 눈을 뜰 때가 최고로 행복한 순간이다! 마음이 평온하고 침착해지며 진심으로 감사와 사랑이 차오르면서, 그때까지와는 전혀 다른 세계에 있는 듯하다.

30대에 접어들고 눈에 보이지 않는 내면에 관심을 기울이게 됐는데, 그중 마음과 정신을 정화하고 리셋해주는 것이 명상이다.

해외에서도 명상이 주목받고 있다. 빌 게이츠나 클린트 이스트우

마흔 전에 우아함을 연습하라

드, 힐러리 클린턴 등 각계에서 활약하는 유명인들이 명상을 실천하는 이유가 충분히 이해된다. 왜냐하면 명상을 하면 집중력이 높아지고 총명해질 뿐 아니라, 정신적 안정을 찾을 수 있기 때문이다.

명상 방법에는 여러 가지가 있는데, 나는 무엇보다 조용한 시간을 확보하는 것을 중요하게 생각한다.

명상을 하면서 모든 것을 내려놓는 법을 배웠다. 뜻하지 않은 사고는 누구에게나 일어날 수 있고 고민과 피로도 누구에게나 있지만, 그렇다고 감정과 욕망으로 가득 차 있으면 올바른 판단을 할 수 없다. 또 주위 환경에 휘둘리다 보면 몸과 마음이 다 지쳐버린다.

하지만 명상을 통해 모든 것을 '내려놓는' 감각이 생기면 평정심을 갖게 되고, 감정과 욕망을 잘 조절할 수 있는 것 같다.

집착과 번뇌, 억측 같은 불필요한 감정에 연연해 몸부림친 경험이 누구에게나 있을 것이다. 그러나 내려놓기만 하면 편안하고 즐거운 일이 많아지는 것도 사실이다.

자세를 바르게 하고 앉는다. 신선한 공기를 들이마시고 마음속의 번잡한 생각을 바깥으로 내보내는 상상을 하며 숨을 뱉는다. 마시는 숨과 내쉬는 숨을 4초씩 같은 길이로 되풀이한다.
1분 정도 계속한다. 이 자세로 명상을 할 수도 있다.

머리를 싸매고 걱정하고 초조해하다가도 마음을 편하게 먹으면 기운의 흐름이 바뀌면서 자연히 좋은 방향으로 흘러가는 경우가 종종 있다.

아름다움도 마찬가지다. 이렇게 저렇게 해야 한다고 조급해하거나 나이 드는 것을 불안해하고 걱정할 필요는 없다고, 이제는 자신 있게 말할 수 있다.

물론 처음에는 나도 이해하지 못했다.

명상하며 생각을 내려놓고 나를 몸에 맡기는 시간을 거듭할수록 모든 것을 대하는 마음이 편해졌다. 그에 따라 안티에이징법도 훨씬 간단하고 자연스럽게 바뀌었다.

또한 명상으로 마음과 기분이 정화되어, 눈을 떴을 때 상쾌하고 홀가분한 기분으로 다시 시작할 수 있는 것도 정말 멋진 일이다.

언제 어디서든 앉을 공간이 있고 조용히 혼자 있는 시간이 생길 때, 뭔가 막혀서 잘 풀리지 않을 때, 자연에 몸을 맡길 시간이 없을

명상을 더 쉽게 이해할 수 있는 책. 스와미 시바난다(Swami Sivananda)의 『요가와 마음의 과학』, 『스와미 시바난다의 명상을 파헤치다』.

때…….

그럴 때는 눈을 감기만 하면 된다.

심호흡을 하면서 호흡의 울림에만 고요히 집중해보자.

그러면 정적 속에, 무(無)의 세상 속에 더없는 행복이 숨어 있다는 것을 알게 되리라.

　○ 명상은 최고의 멘틀 케어다.

　○ 생각을 내려놓고, 마음을 몸에 맡기는 시간을 갖는다.

　○ 호흡의 울림에만 고요히 집중한다.

자
연

아름다움은
편안한 마음이 만든다

NATURE

몸속에 에너지가 충만하면 힘과 생기가 넘치고 늘 머리가 상쾌하며 발랄하게 지낼 수 있다. 반대로 체내 에너지가 저하되어 있을 때는 늘 피곤하고 의욕이 없으며, 뻐근하고 뭉친 느낌이 든다. 그래서 평소에 에너지 수치를 높게 유지하는 것이 좋다.

에너지란 '기(氣)'와 같다. 기운이 없다고 갑자기 에너지를 높이려고 몸부림쳐본들 헛바퀴만 돌리는 셈이고, 그나마 남아 있는 에너지마저 소모하는 꼴이다.

날마다 달라지는 기분을 일단 자연스럽게 받아들이는 것이 좋다. 그런데 조금만 신경 쓰면 매일의 에너지와 기운을 더 좋은 방향으로 만들 수 있다.

예컨대 신선하고 영양가 높은 음식, 가벼운 운동이나 요가, 호흡법으로 기를 순환시킨다. 특별히 무엇을 하지 않고도 순식간에 기를 순환하는 방법은 자연을 접하는 것이다. 파워 스폿(Power Spot)이라는 장소가 있을 정도로 자연의 힘은 실로 엄청나다.

신비롭게 내리비치는 아침 햇살을 쐬기도 하고, 기분 좋게 살랑살랑 불어오는 바람을 느끼기도 하고, 삼림욕이나 등산을 하거나 하늘에 가득 떠 있는 별을 바라보기도 하고…….

자연을 접하는 것만으로도 나도 모르게 마음이 해방되고 스트레스가 발산되며 순식간에 건강해져서 에너지가 쑥쑥 올라가는 것을 느끼게 된다.

식물이 광합성을 하듯, 휴대전화를 충전하듯, 사람은 자연에서 에너지를 충전할 수 있다.

특히 하와이에 갔을 때는 광활하고 아름다운 자연이 눈앞에 펼쳐지고 하늘, 바다, 태양, 무지개에 둘러싸여 마음이 치유되면서 아무것도 생각할 필요가 없었다.

바로 그것이 삶의 본질이라는 생각이 들었다. 하루하루 감사하면서 살아가는 자세란 바로 그런 상태가 아닐까.

일상에서 집안일과 육아에 치이며 회사를 다니다 보면 자연의 리

듬을 거스르는 업무 스케줄과 그날 해야 할 일, 고민거리가 넘쳐난다. 결국 막다른 길에 몰리고 머리가 터질 지경에 이르러 안절부절 어쩔 줄을 모른다.

아름다움이란 무언가 잔뜩 쌓이거나 막혀 있는 상태가 아니라 '빈 틈'이나 '부족함'에 있음을 느낀다. 그래서 더욱더 호흡을 고르고 자연을 접할 시간을 많이 가지려고 노력한다.

자연 속에서 살아가고 있다는 감각, 자연의 일부가 될 수 있다는 사실에 감사하고 공감하는 감각, 거기에 마음을 모으면 그것만으로도 편안하고 차분해진다.

자연을 접하는 것, 일상에서 자연을 느낄 시간을 마련하는 것, 그것은 나에게 무척 소중하고 값비싼 '보이지 않는 케어' 가운데 하나다.

자연의 '보이지 않는 힘'을 진심으로 믿게 되고, 내 주위에 있는 모든 것에 영혼이 깃들어 있다는 확신마저 든다.

아침 햇살 아래 설 때마다 의식이 열리면서 에너지가 충만해진다. 다소 기운이 없는 아침이라도 태양의 힘이 건네는 격려를 받으면 언제 그랬냐는 듯 기운을 회복할 수 있다.

다만 아름다운 피부를 위해서는 선크림을 잊지 말자. 애써 태양의 힘을 선물받은 결과가 검버섯과 기미로 나타나면 안 되니까.

SHIHO
STYLE
25

○ 그날의 기분을 자연스럽게 받아들인다.
○ 호흡을 고르고 자연을 접할 시간을 갖는다.
○ 자연 속에서 살아갈 수 있음에 감사하고 공감한다.

26

향
기

기분 좋은 향으로
재충전을

SCENT

기분이 좋아지는 향기는 부교감신경의 작용을 높여 자율신경의 균형
을 잡아준다.

불안하거나 앞뒤가 꽉 막혀서 어찌할 바를 모를 때도 평소 좋아하
는 향으로 코를 자극하면 곧 긴장이 풀리면서 마음이 평온하고 차분
해진다. 그뿐 아니라 답답하던 기분이 상쾌해지고 집중력이 높아지
며 여성호르몬 작용이 촉진된다.

언제나 긴장하지 않고 여유 있는 여성의 면모는 향기로 연출할 수
있는 여지가 많다. 자연스러운 아름다움을 만들 때도 도움이 되므로
유용하게 활용해보자.

마흔 전에 우아함을 연습하라

향수 말고도 향을 내는 종류는 아로마 오일이나 에센셜 오일, 방향제, 목욕용 오일, 보디 크림, 에너지 스프레이 등 매우 다양하다.

물론 향수 중에도 내가 특히 좋아하는 향이 있지만, 모든 향을 골고루 쓰고 싶을 때는 상황에 어울리게 두세 가지 향을 섞어서 즐기기도 한다.

요즘은 취향이 조금 바뀌어서 달콤한 향을 풍기는 향수를 즐겨 쓰는데 특히 산타마리아노벨라와 딥티크 제품이 마음에 든다. 또 향을 맡았을 때 코 안쪽과 가슴이 시원하게 뻥 뚫리는 제품에 마음이 끌린다.

에센셜 오일은 시게타(Shigeta) 제품을 추천한다. 그중에서도 '리버오브 라이프'는 향은 물론이고 긴장을 푸는 효과도 탁월하다. 촬영 전에 이 오일로 마사지를 하거나 미팅 전에 손목이나 귀 뒤쪽에 살짝 묻히면 마음이 훨씬 가뿐해진다. 그 외에도 종류가 다양하므로 효능과 향에 따라 마음에 드는 오일을 찾아보기 바란다.

최근 내가 많은 도움을 받은 것은 라벤더 향의 보디 스크럽이다. 너무 바빠서 여유를 갖지 못하고 바동거린 날에는 샤워할 때 그 스크럽으로 어깨, 가슴, 배, 허리 등 상반신을 부드럽게 마사지한다. 아로마 향으로 심호흡을 하면 바동거리던 마음이 사라지고 차분해진다. 치유받는 기분이라고 할까. 스트레스가 가득한 날에도 향기의 도움으로 위기를 극복했던 것 같다.

여성스러움 역시 향기로 연출할 수 있다. 향기의 도움을 받아 마음을 가라앉히고 재충전을 하는 사이에 여성스러움이 절로 우러날 것이다. 좋은 향을 풍기는 여성은 모두의 이상형이니까.

SHIHO
STYLE
26

○ 긴장 완화와 여유, 자연스러운 아름다움을 향기로 연출한다.
○ 향수는 그 자체로도, 여러 가지 향을 레이어드해서도 즐길 수 있다.
○ 여성스러운 분위기도 향기로 연출한다.

27

매력

이제 '멋진 여자'가
되어야 한다

CHARM

나이가 들어도 귀여움이 넘치는 여성, 정말 매력적이다.

하지만 안티에이징과 관련해서 나는 '귀여운 여자'보다 '멋진 여자'를 꿈꾼다.

일본에서는 특히 귀여운 여성을 선호하는데, 30대에 접어들면서 외모에 초점을 맞추는 것은 이제 그만하고 싶다는 생각이 들었다.

자기 나이는 안중에 없다는 듯 '귀여워지고 싶다'는 바람만 고집한다면, 그 바람이 점점 '아픔'으로 바뀔 위험이 크기 때문이다. 30대가 20대의 '귀여움'을 어찌 감당할 수 있으랴.

물론 나이에 구애받지 않는 것은 멋진 생각이다. 하지만 무리하면

서까지 억지로 젊어지려고 하다가는 오히려 자기만의 아름다움을 잃어버릴 수 있다.

나에게 그런 상황이 벌어진다면 얼마나 안타까울까. 그래서 나는 최대한 그런 상황을 피하고 싶다.

외모가 아닌 자세와 분위기, 말투 등 내적인 면을 연마해가고 싶다는 생각이 점점 더 강해진다. 모델 일로 화보 촬영을 할 때도 메이크업이나 옷차림이 나이에 어울리지 않게 너무 어리거나 귀여우면, 내 나이에서 우러나는 고유의 분위기를 놓치고 있다는 느낌에 빠지곤 한다.

언제나 나에게 딱 어울리는 감각을 소중히 하고 싶다. 예를 들면 볼터치 위치나 머리 모양, 옷매무시, 신발 등에 변화를 조금만 줘도 인상이 확연히 달라진다.

그 밖에도 내가 신경 쓰는 부분은 긍정적인 차이, 즉 포인트를 주는 것이다. 예컨대 양장을 차려입을 때 색상의 극적 대비를 노린다거나 옷맵시를 살리면서 여성스러운 포인트를 넣고, 귀엽고 앙증맞은 옷을 입을 때는 활동적인 느낌을 보태고, 여성 취향만 강조하기보다 남성 취향도 강조하고…….

'귀여운 여자'가 아닌 '멋진 여자'에 초점을 맞추면 이해하기 쉬울 것이다. '멋진 여자'란 자기 나이에 맞게, 자기만의 아름다움을 자아

내고 누릴 줄 아는 여성이다. 그런 여성이 되려면 아름다움에 대한 자기 나름의 철학을 세우고 그것에 몰입해야 한다. 그리고 '언제나 똑같이'가 아니라 스타일에 항상 변화를 주고 개선해나가야 한다.

'동안의 아름다움'이란 시간이 지나도 변함없는 것이 아니라 외모와 내면이 함께 성장해나갈 때 만들어지는 것이다.

SHIHO
STYLE
27

○ '귀여운 여자'가 아니라 '멋진 여자'를 꿈꾼다.
○ 아름다움의 철학을 세우고 그것에 몰입한다.
○ 스타일에 항상 변화를 주고 개선해나간다.

엄마는
여자보다
아름답다

출산을 하면 체력과 근력이 떨어지고,
탄력이 넘치던 피부가 건조하고 까칠하게 변한다.
나만의 시간이 줄어들면서 시작한 것이 속성 케어다.
요령을 알고 꾸준히 관리하면 큰 효과를 볼 수 있다.

28

자
세

올바른 운동으로
어깨와 골반을
관리하라

POSITION

출산을 하고 나니 그 전처럼 마음대로 시간을 내서 트레이닝을 할 수 없었다. 그래서 '짧은 시간에 효율적으로 확실하게 몸을 끌어올리고 싶다!'는 생각을 하게 되었다.

그때 필요한 것 역시 '보이지 않는 케어'다.

체형을 회복하고 새로운 몸을 만들기 위해 팔과 등, 복부, 엉덩이를 끌어올리는 트레이닝보다 몸의 '근본'부터 다시 살피는 케어에 집중했다.

몸의 근본이란 몸을 지탱하는 뼈와 근육을 말한다. 부위별로는 어깨뼈와 골반, 골반을 지지하는 근육(장요근, 腸腰筋)이 이에 해당한다.

눈에는 보이지 않는 부위이지만 그곳을 잘 관리하면 몸이 점점 탄탄해지고 체형도 아름다워진다.

예컨대 어깨뼈가 유연해지면 목선, 가슴, 등 라인이 예뻐지고, 골반이 정확하게 바른 위치를 잡으면 아랫배 군살도 빠지고 엉덩이도 예뻐진다.

아이를 낳고 출판한 트레이닝 DVD와 책 『TRINITY-SLIM '전신 다이어트' 스트레칭』에서는 구체적인 트레이닝법을 소개했다. 무슨 트레이닝을 하든지 어깨뼈 상태와 골반 기울기, 그곳을 지탱하는 근육들을 의식하면서 운동하면 큰 효과를 볼 수 있다. 나 역시 그 트레이닝 덕분에 체형을 회복하는 데 성공할 수 있었다.

새삼 느끼지만 30대 이후 여성의 아름다움은 자세에서 나온다.

아무리 날씬해도 고양이 등처럼 구부정하면 왠지 볼품없고 피곤에 찌들어 보인다. 아무리 피부가 아름다워도 자세가 나쁘면 소용없다.

특히 몸에 관심이 아주 많은 내가 발견한 것은 '자세가 좋으면 살집이 달라진다!'는 사실이다.

어깨뼈와 골반은 자세를 바로잡을 때 빼놓을 수 없을 뿐 아니라 살집 자체를 바꿔놓는 부위다. 게다가 운동, 일상생활, 건강에도 큰 영향을 미친다. 어깨뼈와 골반은 굳으면 굳을수록 몸이 노화되고, 풀어주면 풀어줄수록 우리 몸에 젊음을 선사한다.

엄마는 여자보다 아름답다

일상생활이나 트레이닝을 할 때도 어깨뼈를 유연하게 하고 골반을 안정시키면서 몸을 움직이면 몸만들기에 효과가 나타난다.

트레이닝뿐 아니라 러닝이나 골프, 테니스 등을 할 때도 팔만 움직이지 말고 어깨뼈에서부터 움직이면 움직일 수 있는 영역이 넓어지고, 팔에 불필요한 힘이 들어가지 않아서 움직임이 유연하고 아름답다.

요가를 할 때도 마찬가지다. 몸을 의식하는 만큼 동작에 깊이가 있고 아름다운 몸에 좀 더 빨리 가까워질 수 있다.

어깨뼈가 굳은 채로 움직이면 어깨가 올라가서 이상한 근육이 붙기도 하고, 골반이 뒤틀린 상태로 있으면 허리나 무릎에서 통증을 느끼기도 한다.

단시간에 건강하고 아름다운 몸으로 끌어올리려면 어깨뼈를 움직이고 골반 뒤틀림을 없애서 아름다운 자세로 생활하도록 노력해야 한다.

아름답게 보이는가, 아닌가는 자세에 달렸다. 나는 날마다 자세에 신경 쓰면서 요가와 트레이닝을 하고 있다.

○ 몸의 근본부터 다시 살펴본다.
○ 여성의 아름다움은 자세에서 나온다.
○ 어깨뼈를 유연하게, 골반을 안정되게 하면서 몸을 움직인다.

시호가 매일 하는 홈 트레이닝

자세 만들기는 어깨뼈와 골반에서 시작한다. 목근육, 쇄골, 등근육, 허리부터 엉덩이 라인까지 달라진다.
손쉽게 할 수 있는 어깨뼈·골반 체조를 소개한다.

어깨뼈 체조

비틀기
몸 앞에 커다란 공이 있다고 상상하면서 양손을 잡는다. 그 자세에서 오른쪽으로 비틀어 왼쪽 어깨뼈를 스트레칭한 다음, 왼쪽으로 비틀어 오른쪽 어깨뼈를 스트레칭한다.

팔꿈치 돌리기
오른쪽 팔꿈치를 구부리고 오른손으로 오른쪽 어깨를 가볍게 잡는다. 원을 상상하면서 팔꿈치를 크게 돌린 다음 반대쪽으로도 돌린다. 왼쪽 팔도 같은 방법으로 돌린다.

어깨 돌리기
수건의 양 끝을 양손으로 잡고 팽팽하게 잡아당긴다. 그대로 양팔을 끝까지 뻗은 다음 팔을 앞에서 뒤로 넘긴다. 다시 뒤에서 앞으로 당긴다. 팔을 구부리지 않은 상태로 여러 번 되풀이한다.

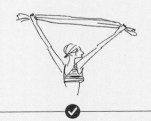

✓ 오래 앉아서 일할 때 도움이 된다. 어깨뼈를 늘 부드럽고 유연하게 유지하자.

어깨 뭉침 림프 마사지

겨드랑이 안쪽 움푹 팬 곳을 손가락으로 누른다. 통증을 느낄 정도로 힘 있게 겨드랑이에서 가슴 주위까지 순차적으로 누른다. 림프가 막혀 있을수록 딱딱하고 아프지만, 되풀이하다 보면 어깨가 부드럽고 가뿐해지면서 시원한 느낌이 든다. 림프가 흘러서 어깨 뭉침을 해소한다.

 아침저녁으로 옷을 갈아입을 때 해도 좋고, 목욕할 때 해도 좋다.

쇄골이 시원해지는 요가와 스트레칭

오른쪽 팔꿈치를 약간 구부리고 뒤로 빼면서 어깨를 내리고, 목을 왼쪽으로 기울인다. 머리의 무게, 목근육이 땅기는 것을 느끼면서 시계 방향으로 돌린다. 반대 방향으로 천천히 목을 돌린다. 왼쪽 팔도 같은 방법으로 돌린다. 몇 번 되풀이하면 목, 어깨 주위, 쇄골이 펴지면서 시원해진다. 그다음에 위를 향해 허를 내밀고 코로 심호흡을 한다. 어깨를 내리고 천천히 다섯 번 호흡한다.

 어깨는 항상 내리고, 심호흡을 함께 하면 좋다.

골반 체조

무릎을 조금 구부린 뒤 발과 상반신의 힘을 빼고 고정한 상태에서, 골반만 앞뒤로 여러 번 움직인다. 복부 안쪽 근육이 아플 때까지 하면 운동을 제대로 한 셈이다.

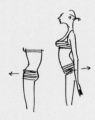

상체를 똑바로 편 채 두 발을 벌리고, 양손을 양쪽 어깨에 올린 다음 무릎을 구부린다. 엉덩이를 살짝 올리고 아랫배는 약간 끌어 올리면서 치골(恥骨)을 편하게 하는 느낌으로 무릎을 펴고 가만히 멈춘다. 여러 번 되풀이한다.

✔ 골반이 앞이나 뒤로 뒤틀려 있으면 안타깝게도 아랫배가 나오고 엉덩이 라인이 무너진다. 아무리 운동을 해도 아랫배가 나오는 사람은 골반 뒤틀림을 주의해야 한다! 복근보다 먼저 골반 위치를 잡아줘야 한다!

자세 체조

허리와 허벅다리가 90도가 되게 등을 펴고 의자에 깊숙이 앉는다. 등은 구부러지지 않게, 꼬리뼈는 정확하게 의자 안쪽에 닿도록 앉는다. 배는 끌어 올려서 당기는 느낌으로, 어깨를 내리고 팔꿈치는 약간 뒤로 당긴다. 그 자세에서 심호흡을 여섯 번, 대략 일 분 정도씩 되풀이한다.

✔ 올바른 자세를 취하기가 쉬워지고 골반도 안정된다. 지하철을 타고 이동할 때 해보면 좋다. 습관이 되면 자세가 아름다워진다. 이 자세로 좌선을 하면 명상에도 효과적이다!

29

우
정

미용 전문가를
친구로 만들자

SUPPORTER

수유 중에는 체내 순환이 좋아서 살이 찌지 않지만, 젖을 떼고 반년에서 1년 정도 지나자 신진대사 능력이 떨어지면서 복부와 팔에 살이 붙기 시작했다.

예전에 입던 옷이 전혀 맞지 않았다. 얼굴 살도 점점 처지는 것 같아 불안한 마음에 운동을 시작했다. 그런데 점점 게을러져서 마음만 있을 뿐 시간을 그냥 흘려버리고 말았다. 혹시 이런 경험이 있는가? 나는 종종 있다.

가끔은 너무 귀찮아서 누군가에게 '관리받고 싶다!'는 생각이 든다.

어머니 모임에 가면 모두 일하거나 아이를 키우느라 바쁠 텐데도 얼굴과 몸이 탱탱하고 예쁜 사람이 얼마나 많은지 모른다.

이야기를 나누다 보니 예쁘고 건강미 넘치는 사람은 하나같이 피부 관리실을 한 곳 정해놓고 좋은 선생님에게 관리를 받고 있었다. 그래서 나도 친구에게 소개받아 정기적으로 다닐 피부 관리실을 정하고 먼저 지압과 미용 침, 마사지로 신경 쓰이는 부위를 시술받았다.

피부 관리실의 공통점은 그곳 선생님이 대단한 미용 마니아라는 사실이다. '신의 손'이라 해도 될 만큼 기술이 좋거나 "어머!" 하고 반할 정도로 몸만들기나 음식 마니아들이다.

미용 전문가가 들려주는 이야기는 나의 무지를 일깨우는 경우가 많았고, 그런 만큼 미용 효과도 좋았다. 친정어머니도 쉰이 되었을 때 오십견으로 고생하다가, 우연히 알게 된 지압 선생님에게 꾸준히 치료받은 덕분에 완치되었다.

그렇게 선생님의 손으로, 기술로, 애정으로 신중하게 이루어지는 관리를 받으면 처진 얼굴과 가슴이 자연히 올라가고 허리가 잘록해지며 다리도 가늘어지는 효과를 경험할 수 있었다.

전문가를 선택하는 결정적 기준은 역시 그 분야의 프로여야 한다는 것이다. 소중한 내 몸을 맡기기 때문에 지식이 풍부하고 기술이 뛰어난, 존경할 만한 선생님이어야 한다. 그런 분이라면 신뢰하고 모든 것을 맡길 수 있다.

내 몸을 맡길 수 있는가, 그것이 가장 중요한 기준이다.

나는 아픈 것을 가장 싫어하기도 하지만 레이저나 주사, 칼을 대는 미용 클리닉보다 손으로 하는 기술을 중시하는 '관리실파'다.

멀리 볼 때 자연스러운 치료와 관리로 안티에이징을 지속하는 것이 가장 좋다. 손으로 정성껏 하는 애정 어린 관리를 당할 방법은 없다고 생각한다.

다만 전문가에게 받는 관리는 가끔 하는 것으로 충분하다. 셀프케어를 날마다 하면 훨씬 큰 효과를 본다는 사실을 잊어서는 안 된다.

SHIHO
STYLE
29

○ 정기적으로 다니는 피부 관리실이 있다.

○ 신뢰하고 내 몸을 맡길 수 있는 선생님을 찾자.

○ 전문가에게 받는 관리와 매일 하는 셀프케어를 병행하자.

30

보습

보디 크림은
여러 종류로 준비한다

MOISTURE KEEPING

언젠가 살이 찐 복부와 가슴에 대고 "탄탄해져라-" 하면서 날마다 마사지를 했더니 정말 탄력이 붙으면서 피부가 탄탄해졌다. 그날 이후 샤워할 때 보디 크림을 온몸에 바르고 마사지하는 습관이 생겼다. 출산 후에 체형과 피부가 변해 나는 몸 부위를 더욱 세분해서 부위별로 크림을 따로 바르고 보습 관리도 부지런히 하고 있다.

마사지라기보다 슬슬 문지르며 바르기만 하는 것이니 시간도 얼마 걸리지 않는다. 3분에서 5분 정도 온몸에 크림을 바르고 문지르는 '속성 관리'다.

중요 부위를 소개하면 '팔, 가슴, 복부 주위, 허리 주위, 엉덩이, 허벅지 뒤, 다리, 민감한 부위' 이렇게 여덟 군데다. 이 여덟 군데를 부위 별로 크림을 바꿔가며 관리한다.

가슴에는 클라란스의 '레 뷔스트 에파뉘샹'과 '레 뷔스트 울트라 페르므테', 안티무 오가닉의 '브레스트 케어 크림'을 사용하고 있다. 겨드랑이에서 가슴으로 끌어 올리듯, 손바닥으로 가슴을 문지르면서 중심으로 모아주는 모양으로 마사지한다. 그러다 보니 목욕할 때가 아니어도 침대에 있을 때, 속옷 갈아입을 때 등 아무 때나 생각나면 가슴을 문지르고 끌어 올리는 습관이 생겼다.

팔과 복부, 허리 주위, 엉덩이, 허벅지 뒤쪽에는 셀룰라이트 방지와 탄력에 도움이 되는 클라란스의 '보디 리프트 컨트롤 크림'을 선택해 양손에 크림을 묻혀서 해당 부위부터 아래에서 위를 향해 당기듯 바른다. 복부는 배꼽 주위를 원을 그리듯 마사지한 다음, 아래에서 위쪽 가슴을 향해 마사지한다. 보디 리프트 컨트롤 크림은 아주 마음에 들어서 몇 년째 쓰고 있다.

최근에는 민감한 부위에 안티무 오가닉의 화이트닝 크림을 애용

출산하고 체형과 피부가 변했는데 탄력 넘치는 피부를 만들기까지 클라란스 시리즈가 대활약을 했다. 탄력에는 보디 리프트 컨트롤 크림, 레 뷔스트 에파뉘샹, 레 뷔스트 페르므테가 쓸모 있다. 그리고 르브아 브레스트 케어 크림과 화이트닝 크림도 아주 마음에 든다.

한다. 화이트닝 크림을 바른 뒤부터 피부가 정리되고 깨끗해지는 기분이 든다.

마무리는 전신에 바르는 보습 크림으로 한다. 클라란스의 '크렘 마스벨트'는 사용감이 좋고 잘 발라져서 피부를 확실하게 관리할 수 있다. 내가 가장 좋아하는 크림이다. 손에 크림을 듬뿍 찍어서 온몸에 골고루 펴 바른다. 다리는 발가락에서 발등, 발목, 종아리, 무릎 등 부위별로 세밀하게 크림을 펴 발라 보습한다.

보디 케어는 손놀림을 빨리 하면 단 몇 분 만에 끝난다. 출산 후에 건조한 피부로 바뀌면서 보디 케어 습관이 생겼는데, 어느 날 피부가 완전히 달라진 것을 보고 '무시해서는 안 되는구나' 하고 감탄했다.

밤에는 탄력과 보습 위주로 관리하고 아침에 샤워한 다음에는 좋아하는 향의 보디 크림을 바르면서 기분을 전환한다. 마음에 드는 것은 산타마리아노벨라의 '크레마 이드라솔' 보디 크림이다. 향이 은은해서 향수와도 잘 어울린다.

밤에는 탄력과 보습 위주로 관리한다. 클라란스의 크렘 마스벨트.
아침에는 마음에 드는 산타마리아노벨라의 크레마 이드라솔 보디 크림으로 기분 전환.

정기적인 스크럽에는 클라란스의 스무딩 보디 스크럽과 보디 오일을 세트로 쓰거나 오거스트 오개닉의 보디 스크럽을 쓴다.

그리고 2주에 한 번 정기적으로 스크럽을 이용한다. 특히 햇볕에 그을린 뒤 일주일쯤 지나서 묵은 각질을 제거할 때 빼놓을 수 없는 제품이다. 마음에 드는 것은 클라란스의 '스무딩 보디 스크럽'과 '보디 오일' 세트, 오거스트 오개닉의 '코코넛 & 슈거 보디 스크럽'이다. 기분에 따라 그때그때 골라서 쓴다.

오거스트 오개닉 제품은 사탕수수와 코코넛오일 등 피부에 좋은 오일을 듬뿍 배합해서, 쓰고 나면 피부가 확실히 찰지고 부드럽다.

예전에는 피부 관리실에서 보디 케어를 받기도 했는데, 아이가 태어난 뒤부터는 꾸준히 집에서 관리한다. 홈 케어만으로도 충분하다. 아니 오히려 피부가 더욱 생기 있게 변해서 정말 만족스럽다. 조금만 신경 쓰면 피부는 다시 살아날 것이다!

SHIHO
STYLE
30

○ 크림은 부위별로 구분해서 바른다.
○ 마사지는 아래에서 위를 향해 끌어 올리듯이 한다.
○ 정기적인 스크럽으로 촉촉하고 매끈한 피부를 만든다.

31

헤
어

HAIR

출산 후 가장 신경 쓰인 것이 탈모다. 2년 내내 수유를 했으니 어쩔
수 없기도 하지만 나이가 들수록 머리털의 양과 질이 떨어지기 때문
이다.

　수유를 마치고 가장 먼저 한 것이 바로 보조제 섭취다. 클리닉에
가서 상담한 뒤 혈액검사를 하고 부족한 영양소를 확인했다. 닥터스
서플리먼트 다카코 스타일(Dr's Supplement Takako Style)의 비타민 B,
아연, 철분을 섭취하고 가는 머리카락과 탈모에 효과가 좋다는 판토
렉스5를 먹기 시작했다. 그 결과 지금까지도 두피 상태가 좋을 뿐 아
니라 머리털 부피감도 풍성하다.

샴푸 트리트먼트 하나만도 효과가 상당히 달라서 어느 제품을 사용하느냐에 따라 헤어스타일에 차이가 난다. 여성스러우면서 화려한 헤어스타일의 생명은 볼륨이다! 무슨 샴푸를 쓰느냐에 따라 머리털이 가라앉기도 하고 힘이 없어지기도 하므로 모발 관리용품은 모발 상태를 세심하게 살핀 뒤 선택해야 한다. 내가 애용하는 것은 부피감을 살리는 우카의 웨이크업 시리즈다. 100퍼센트 천연 소재여서 믿을 수 있는 존마스터스오가닉도 사랑한다.

샴푸를 할 때는 머리를 감는다기보다 다섯 손가락으로 두피를 쥐고 손가락 가운데 부분으로 마사지하듯이 씻는 것이 좋다.

두피 상태는 피부 탄력, 주름과 관계있으므로 샴푸를 선택할 때 신중을 기해야 한다. 나는 가끔 두피 전용 샴푸를 사용하기도 하고, 샴푸 전에 욕조에 몸을 담그고 코코넛오일로 두피 마사지를 한 다음 씻어 내기도 한다. 어쨌든 밤에 모발 관리를 할 때에는 머리를 감기보다는 두피 관리에 집중한다.

모발에 탄력과 힘이 생기는 우카의 웨이크업 샴푸와 트리트먼트. 존마스터스오가닉은 100퍼센트 천연 유래 성분으로 만들어져 믿고 사용한다.

샴푸 트리트먼트가 끝나고 머리를 말리기 전에, 헹굴 필요가 없는 트리트먼트를 발라서 머리털 끝부분을 관리한다. 나는 케라스타즈 '오일 세럼'을 쭉 쓰고 있다. 매일 야외촬영을 하고 서핑을 하다 보면 햇볕과 바닷물에 모발이 푸석해지기 쉬워서 윤기와 수분을 공급하는 오일 트리트먼트를 즐겨 쓴다.

30대부터는 모발 관리를 강화해야 한다고 거듭 생각한다. 머리털도 피부와 똑같아서 나이가 들수록 관리하지 않으면 노화하는 것은 당연하다. 아무리 멋을 내고 피부가 아름다워도 머리털이 푸석거리고 상하면 멋지게 보이지 않는다는 것을 통감한다.

그래서 요즘에는 손질하기 쉬운 단발머리 모양을 유지한다. 아침에 일어나서 간단하고 쉽게 꾸미거나 정돈할 수 있고, 묶어도 길이가 적당하다. 그리고 머리털 끝부분은 정기적으로 자른다. 촬영 일정 중간중간에 스타일리스트에게 연락해서 자른다. 그렇게 하면 질 좋은 머리털을 유지할 수 있다.

합성착색료나 합성향료가 일절 들어 있지 않은 내추럴 코스모의 트리트먼트 샴푸는 컨디셔너가 필요 없다. 오래전부터 쓰고 있는 케라스타즈의 오일 세럼.

유메 드리밍 에피큐리언 시리즈는 외출 전에 쓰는 소중한 아이템이다. 왼쪽부터 헤어 무스와 헤어 젤.

또한 헤어숍 트위기(Twiggy)에서 나오는 유메 드리밍 에피큐리언(Yume Dreaming Epicurean)이라는 스타일링 시리즈가 무척 마음에 들어서 아침 출근 전 헤어스타일은 유메 드리밍 에피큐리언의 헤어 미스트, 무스, 젤 세트를 이용해 완성한다.

미스트를 모발 전체에 뿌리고 헤어드라이어로 정리한 다음 무스로 고정하고 마지막에 젤로 머리카락 끝에 윤기를 낸다. 사용하기 쉽고 느낌도 좋고, 마무리를 자연스럽게 할 수 있어서 추천하는 제품이다.

모발 관리용품을 잘 선택하면 머리 모양도 멋있어진다.

SHIHO
STYLE
31

○ 탈모에는 보조제를 활용한다.
○ 샴푸 트리트먼트로 부피감을 살린다.
○ 뚝딱 완성하는 헤어스타일과 스타일링 제품을 갖춘다.

치
아

WHITE TOOTH

건강하고 하얀 치아는 청결하고 젊은 인상을 준다.

나는 출산을 한 뒤 치아와 잇몸에 노화가 오면서 누런 치아가 신경
쓰이기 시작했다. 커피도 마시지 않고 담배도 피우지 않아서 흰 치아
가 자랑이었는데……. 서둘러 치과를 찾아 치석 제거와 치아 미백을
시작했다. 건강하고 새하얀 치아는 안티에이징에서 빼놓을 수 없다
는 것을 실감한다.

이를 닦을 때는 소닉케어의 전동칫솔을 활용한다. 양치만으로 치아 관리가 끝
나는 것은 아니다. 이솝의 마우스워시는 자극적이지 않아서 가글하기 좋다.

치과 의사에게 전문적으로 관리받는 것도 중요하지만, 날마다 이를 닦는 도구와 방법도 아주 중요하다. 나는 전동칫솔은 소닉케어, 치약은 미백 효과가 뛰어난 콜게이트의 '옵틱 화이트 플래티넘'을 애용한다. 입에 들어가는 치약은 되도록 천연 성분이 배합된 것이 좋다고 생각하면서도, 아무래도 미백에 신경 쓰다 보니 화학 성분이 들어 있을지도 모를 미백 기능 제품에 먼저 손이 간다. 양치한 다음에는 치간칫솔과 이솝의 '마우스워시'로 관리한다.

꼼꼼하게 양치했다고 해도 치간칫솔로 한 번 더 닦으면 의외로 이물질이 많이 남아 있어서 매번 놀란다. 남은 음식물 찌꺼기가 치석이 되는 데 보통 3개월 정도 걸린다고 하니 치과 치료는 3~6개월에 한 번 받는 것이 가장 이상적이다. 치석 제거 외에도 미백, 구강 관련 질환 체크, 치료 후 경과 확인 등 전문적인 관리를 받아야 하는 경우가 종종 있다.

치과에 가면 먼저 현재 치아 상태를 확인하고, 앞으로 문제가 생길 여지가 있는지 판단해야 한다. 치아는 매일 정성껏 닦고 정기적으로 치과 관리를 받으면 안심이다. 그리고 치아 건강에 도움을 줄 나만의

집에 돌아오면 아무리 피곤해도 치아 관리만큼은 잊지 않는다. 치아가 상쾌해야 숙면도 취할 수 있고 피로도 풀린다.

치과위생사가 있다면 더욱 마음이 놓인다. 나는 치과위생사 친구 덕분에 치아와 관련해서 많은 도움을 받고 있다. 의외로 치아 관리에 무심하기 쉬운데 '나이는 치아에 나타난다'는 말이 있듯이 치아 관리에 신경 써야 한다.

치아가 건강하면 꼭꼭 잘 씹어 먹을 수 있어 살도 찌지 않는다. 위아래 치아가 고르게 잘 맞으면 몸 상태도 좋고 얼굴선도 예쁘다. 치아도 모발도 손톱도 모두 똑같이 관리해야 한다.

SHIHO
STYLE
32

○ 정기적으로 치과 진료를 받는다.
○ 치간칫솔, 구강청결제로 한 번 더 관리한다.
○ 나만의 치과위생사를 둔다.

33

자
궁

UTERUS

여성호르몬은 30대 중반이 지나면 감소하기 시작한다. 특히 임신과 출산을 경험하면 호르몬 균형에 변화가 오므로 여성 클리닉, 산부인과 주치의 또는 정기검진을 하는 단골 병원을 두고 '자궁' 관리를 하는 것도 안티에이징에서 빼놓을 수 없는 요소다.

내 경우에는 20대부터 도움을 받아온 부인과 의사 선생님, 출산하며 알게 된 선생님 등 신뢰할 수 있는 선생님들이 관리를 해주고 있다.

나를 포함해 내 주위에 있는 일하는 30대 여성 가운데 불임, 임신 계획, 임신, 출산의 과정에서 어려움을 겪지 않은 사람이 거의 없을 정도로, 대부분의 여성이 어떤 식으로든 산부인과 질환과 치료를 경험

한다. 그래서 나이에 따라 건강과 안티에이징에 관해 정확한 조언을 해주는 사람이 가까이에 있다는 것은 정말 마음 든든한 일이다.

나는 수유를 끝내기 얼마 전부터 '맘모 릴랙세이션(Mommo Relaxation)'이라는 가슴 마사지를 받았다. 자궁과 유방은 연결되어 있어서, 유방 상태가 좋으면 자궁 상태도 좋아진다고 한다. 마사지로 유방 주변의 순환을 좋게 해서 림프나 혈액 속을 흐르는 여성호르몬이 균형을 이루면 자궁과 난소에서도 똑같은 호르몬이 분비된다고 할 수 있다. 의외라고 생각할 수 있지만 가슴 마사지가 어깨 뭉침이나 두통, 생리통 치료에 효과가 있을 뿐 아니라 주름 방지, 피부 미용, 유방암 조기 발견 등에도 효과적이다.

처음에는 가슴이 처지지 않게 하려고 마사지를 시작했는데 유방을 주무르고 문지르는 과정은 어쨌든 너무 아팠다! 그런데 유방이 점점 풀리는 것이 느껴지더니 어느새 고통은 행복으로 변하고 몸도 따뜻해졌다. 그 후, 작고 축 처졌던 유방이 동그랗게 부풀어 오르는 것을 보고 놀라지 않을 수 없었다.

그런데 막상 가슴이 커지니까 잠잘 때 압력이 가해졌다. 커진 가슴의 중력 때문에 점점 아래로 처지기까지 했다. 더 이상 처지지 않게 늘 당겨서 올려주는 수밖에 없다. 브래지어를 하느냐 하지 않느냐에 따라 다음 날 아침 가슴 모양이 달라져서 결국 브래지어를 하고 자는

습관이 생겼다. 그 대신 와이어가 없는 브래지어나 스포츠 브래지어, 천연 면 소재 등 피부 감촉이 좋아 편히 잘 수 있는 브래지어를 선택한다.

수유를 하면 가슴 모양이 망가지지만, 엄마로서는 아름다운 모양을 유지하려는 마음보다 아이에게 젖을 물리고 싶은 마음이 더 크다. 2년 동안 아이에게 젖을 물리다가 막상 떼고 나니 믿기 어려울 만큼 가슴이 미워졌다. 하지만 맘모 릴랙세이션과 브래지어 덕분에 이제는 원래 형태를 거의 되찾았다.

가슴이 처져서 고민하는 분들에게 가슴 마사지와 잠잘 때 브래지어를 착용할 것을 강력 추천한다. 직접 해보면 효과를 실감할 것이다.

SHIHO STYLE 33

○ 산부인과 주치의를 두고 정기검진을 받는다.
○ 맘모 릴랙세이션으로 가슴 관리를 받는다.
○ 잠잘 때는 와이어가 없는 브래지어를 한다.

34

목
욕

짧은 시간에
아름다워지는
관리의 기술

BATHING

미용을 위해 하루에도 몇 번씩 샤워하는 사람이 있는데, 나는 아침 샤워와 저녁 목욕 단 두 번이 전부다.

예전부터 목욕을 좋아한 나에게 목욕은 몸과 마음의 피로와 오염을 씻어 내는 재충전 버튼과도 같다. 하지만 시간을 갖고 천천히 목욕하는 편은 아니다. 20분 정도면 목욕을 마치는데, 짧은 시간에 여러 가지 방법을 시도해 최대 효과를 노린다.

먼저 욕조에 물을 받을 때 투르말린이나 맥반석 세라믹 볼을 넣고 피부에 좋은 탕을 만든다. 목욕물 온도는 여름에는 38도, 겨울에는 41도가 적정 온도다. 너무 뜨거우면 오히려 피곤해진다. 평균 39도

엄마는 여자보다 아름답다

정도의 뜨끈한 물이 좋다.

목욕할 때 꼭 가지고 들어가는 것은 목욕용 소금과 오일이다. 소금에 정화작용과 발한작용이 있다는 것을 알고부터 목욕할 때 소금을 쓰게 되었다. 땀을 흠뻑 빼면 몸도 마음도 상쾌해진다. 감기 초기에는 천연 소금을 어깨에 잔뜩 바르고 목욕하기도 한다.

애용하는 소금은 히말라야 암염을 사용한 크리스털록이나 네한도쿄(Nehan Tokyo)의 '러브 유어셀프 퍼스트'다. 여기에 기분이나 몸 상태에 맞춰 좋아하는 향의 오일을 섞으면 상승효과가 배가된다. 불과 몇 분 만에 몸 구속구석이 따뜻해지면서 치유되는 듯하다. 몸과 마음의 독소가 빠지고 보습 효과도 뛰어나다.

목욕용 오일 가운데는 라벤더와 그레이프프루트, 유칼리가 마음에 든다. 아로마 향에 취해 심호흡을 하면서 목욕하면 기분이 더욱 편안하고 행복해진다.

아로마 오일은 향뿐 아니라 여성호르몬 분비를 촉진하고 시차로 생긴 피로와 근육피로를 풀어주는 등 기능적 효능도 다양하다. 기분

목욕용 소금과 오일로 재충전한다. 짧은 시간이지만 목욕의 질을 높이고 싶다.

이나 용도에 따라 쓸 수 있게 아로마 오일을 몇 가지 준비해두면 편리하다.

목욕은 상반신만 천천히 물에 담그는 반신욕이 좋다고 하는데, 나는 단숨에 온몸이 따뜻해지는 느낌이 좋아서 어깨까지 푹 담그는 편이다. 무중력상태에 있는 듯한 욕조 속에 머리를 한쪽에 대고 비스듬히 누워 뜨거운 물에 온몸을 맡기면 척추나 근육 등 온몸에서 힘이 빠지고 마음 깊이 숨어 있는 긴장까지 풀어진다. 물론 이때 입은 저절로 벌어진다.

머리는 밤에 감는다. 두피에서 여러 가지 독소가 나오는 느낌이 들어서 밤에 머리를 감으면 하루 동안 쌓인 피로와 오염을 모두 날려버리는 기분이다. 두피를 손가락 마디의 불룩한 부분으로 마사지하면 두피가 부드러워지고 혈액순환도 활발해져 숙면을 할 수 있다.

몸을 씻을 때는 손바닥을 이용한다. 샤워 타월이나 스펀지는 쓰지 않는다. 얼굴처럼 몸도 너무 세게 문지르면 건조해진다. 손바닥으로 비누 거품을 낸 뒤 '오늘 하루 고마웠어, 수고했어요' 하고 몸을 부드럽게 쓰다듬듯 문지른다.

비누 역시 천연 소재로 만든 것은 피부가 민감한 아이도 안심하고 쓸 수 있다.

샤워할 때는 물속 유리잔류염소를 제거하는 정수기를 사용한다.

머리털이 상하거나 피부가 건조해지는 것도 물 때문인 경우가 많으니 염소를 제거한 물로 씻는다.

목욕을 긴 시간 동안 할 수도 있지만 그보다는 기본적이고 간단하게, 짧은 시간에 마치는 것도 괜찮다. 매일 하는 목욕은 소박하면서도 나를 위해 특별한 관리를 하는 소중한 장이다.

SHIHO
STYLE
34

○ 목욕용 소금과 오일로 상쾌하고 촉촉한 피부를 가꾼다.
○ 전신욕에 몸을 맡기고 마음 깊은 곳까지 편안하게.
○ 두피는 마사지하듯이 몸은 손바닥으로 부드럽게 씻는다.

35

화
장

메이크업이
너무 진하면
금방 늙는다

MAKEUP

출산하고 크게 달라진 것 중 하나가 메이크업이다. 모성을 발휘하느라 여성으로서의 분위기가 바뀌었기 때문일까, 화장을 너무 진하게 하면 왠지 늙어 보이는 것 같아서 의식적으로 옅은 화장을 하게 된다.

주위를 둘러봐도 40세 전후의 여성들 사이에서는 파운데이션을 연하게 바르는 화장법이 대세인 것 같다. 아무튼 파운데이션을 바르지 않아도 마냥 예쁜 나이에서, 어느새 파운데이션을 바르는 것이 예뻐 보이는 나이가 된 것만큼은 분명한 사실이다.

이 나이에 수수해 보이는 화장은 그저 엷게 하는 것만으로는 역시 무리가 있다. 그보다는 얼마나 좋은 얼굴을 만드느냐가 관건이다. 그

엄마는 여자보다 아름답다

래서 메이크업을 하기 전 기초화장에 조금 더 시간을 투자해야 한다고 생각한다. 화장이 잘 스며들고, 투명하고 촉촉하며 윤기 있는 피부를 만들려면 결국 토너, 로션, 크림이 잘 스며들어야 한다.

먼저 스킨로션을 충분히 스며들게 한 뒤 눈 주위에 아이크림을 바른다. 그다음에 무게감이 약간 있는 크림을 얼굴 전체에 바르고 스며들기를 기다린다. 건조한 피부가 신경 쓰일 때는 보습 팩을 이용해 천천히 시간을 두고 수분을 주는 방법도 있다.

모델 촬영 현장에서 자연스러운 화장에 중점을 두는 경우, 나노이온 스팀으로 충분히 보습한 뒤 보습 팩을 한 다음, 크림을 발라서 얼

굴의 림프 마사지까지 한 뒤에 본격적으로 메이크업을 하기도 한다. 이렇게까지 관리하면 피부가 좋아지는 것은 물론 화장이 잘 스며들 수밖에 없다. 시간에 여유가 있는 분들은 꼭 해보기 바란다.

피부 관리를 확실하게 마치면 자외선 차단용 메이크업 베이스를 바른다. RMK의 '메이크업 베이스'나 시게타의 'UV 스킨 프로텍션'을 손바닥에 펴서 얼굴 전체에 엷게 바르면 기초화장은 끝이다.

드디어 본격적인 메이크업을 할 때다. 가장 마음에 드는 제품은 RMK의 '리퀴드 파운데이션' 커피브라운색이다. 손바닥에 적당량을 짜서 양손으로 볼 중앙에서 바깥쪽으로 엷게 펴 바른다. 얼굴 바깥쪽, 광대뼈, 턱 주위까지 섀도를 바르는 느낌으로 바른다. 자외선차단제로 하얘진 피부에 약간 짙은 색의 파운데이션으로 음영과 탄력을 준다고나 할까, 그런 느낌으로 바른다.

실제로 메이크업 아티스트인 루미코(Rumiko) 씨는 손바닥으로 파운데이션을 펴 바르는 단축 메이크업으로 유명하다. 즉 액상 파운데이션을 엷게 바르고 가볍게 두드리는 식의 '액체 위주파'인 셈이다.

기초화장의 기본은 보습이다. 화장수가 피부에 얼마나 스며드는지가 중요하다. 특별한 날에는 파나소닉의 스팀 나노케어로 충분히 보습한 뒤 기초화장을 한다. 탄력 넘치고 반질반질한 피부의 비밀은 바로 보습이다. 피부 상태가 좋을 때는 기초화장을 건너뛰기도 한다. 하지만 자외선차단제는 필수다. 요즘 즐겨 바르는 것은 RMK의 메이크업 베이스와 시게타 UV 스킨 프로텍션. 기초화장 단계에서는 윤기와 자연스러움을 중시한다.

그 외에도 피부에 잘 스며드는 제품으로 나스(Nars)의 '퓨어 래디언트 틴티드 모이스처라이저'나 스리(Three)의 '슬로레스 시리얼 프루이드 파운데이션'을 추천한다.

마무리는 컨실러와 펜슬로 한다. 유기농 제품 브랜드 프랑실러의 컨실러는 색상이 오렌지 핑크인데 주근깨나 기미를 깔끔하게 가리고 얼굴색이 화사해 보인다. 손끝으로 직접 컨실러를 찍어서 눈 밑, 콧날, 콧방울 주위, 입 주위 등을 손질하고 신경 쓰이는 기미를 가린다. 하이라이트를 연출하는 느낌으로 하면 된다. 얼굴에 입체감과 강약을 불어넣는 작업이라고 할 수 있다.

컨실러로 깨끗하게 손질한 다음에는 맥(M.A.C)의 '스튜디오 크로마그래픽 펜슬'을 이용해 얼굴에 그림 그리듯 눈 밑, 콧방울, 입 주변과 기미 등 거슬리는 부위를 정돈하고 손으로 스며들게 해주면 된다. 컨실러와 펜슬, 이 두 가지만 있으면 매끈하고 자연스러운 메이크업이 완성된다.

액상 제품을 좋아해서 RMK의 리퀴드 파운데이션이 마음에 든다. 섀도처럼 얼굴에 펴 바른다. 나스의 퓨어 래디언트 틴티드 모이스처라이저나 스리의 슬로레스 시리얼 프루이드 파운데이션은 상시 준비해두는 아이템.

가루 범벅이 되지 않는 메이크업의 포인트는 컨실러와 펜슬로 기미, 잡티를 얼마나 숨기느냐에 있다. 그 점에서 프랑실러의 내추럴 R 컨실러는 색상이 핑크 계열인데, 얼굴색을 화사하게 하는 데 큰 활약을 하고 있다. 맥의 스튜디오 크로마그래픽 펜슬로는 신경 쓰이는 부위를 전부 가린다.

눈썹과 눈 주위, 볼, 입술 등 나머지 부위는 취향에 따라 메이크업을 한다. 파우더 파운데이션은 바르는 순간 메이크업이 확 티 나서 자칫하면 얼굴이 '늙어' 보일 수 있으니 붓으로 파운데이션을 찍어 이마, 광대뼈, 콧날을 가볍게 터치해 번들거림을 최소화한다.

최대한 기초화장에 중점을 두고 투명함과 자연스러움이 넘치는 메이크업을 하는 것이 중요하다.

SHIHO
STYLE
35

∘ 메이크업 전에 기초화장에 중점을 둔다.
∘ 파운데이션은 액상 제품을 쓴다.
∘ 파우더 파운데이션은 붓으로 가볍게 찍어서 쓴다.

중년의 식사는
달라야 한다

신진대사가 떨어지고 살집이 붙기 시작하는 40대.
식재료를 엄선해서 식사에 변화를 주고
몸의 변화에 마음이 어떻게 반응하는지 경청하고 싶다.
식생활을 되돌아보면서 자기책임, 자기 관리 능력을 길렀다.

36

식
사

햇볕과 흙에서 자란
식재료를 먹자

FOOD

멋진 30대를 꿈꾸면서는 운동을 시작했고, 멋진 40대를 꿈꾸며 시작한 것은 식생활을 되돌아보는 일이었다. 아름다움과 건강을 말할 때 식사를 빼놓을 수 없다. 신진대사 기능이 떨어진 지금, 식사에 조금만 신경 써도 체형이 달라지는 것을 느낀다. 그 전에는 주로 식사 시간대에 신경 썼고 좋아하는 음식은 일단 마음껏 먹자는 주의였다. 그러나 40대에 가까워지면서 살이 잘 빠지지 않고 신진대사 기능도 떨어진 것을 느꼈다. 이대로는 안 되겠다는 생각이 들었다.

모임에 가서 한밤중에 아무 생각 없이 라면을 먹어버리는…… 일도 가끔은 있지만, 특히 출산 후에는 피부가 늘어났는지 금방 배가 나

중년의 식사는 달라야 한다

오는 것 같았다.

그간의 식생활을 돌아보면 '맛있다'고 느끼는 음식이 달라진 것을 알게 된다. 전에는 무조건 내가 좋아하는 음식만 먹었다면 점점 몸에 좋은 것, 편해지는 것, 건강하고 안전한 식재료를 먹고 싶다는 마음을 우선순위에 두게 되었다. 아울러 짧은 시간에 예쁘게 준비할 수 있는 먹거리와 먹는 방법을 고민하게 되었다. 그렇다고 특별한 음식을 새로 만드는 것은 아니다. 필요 없는 것은 빼고 좋은 것은 추가하는 편이다.

'식(食)'은 생명의 근원이다. 입으로 들어가는 모든 것이 피와 뼈, 피부, 머리카락, 손톱, 발톱, 근육 따위 몸과 마음을 이루는 모든 것의 '근원'이 된다. 햇빛과 대지의 에너지를 담뿍 받으며 자란 신선한 제철 음식은 무엇보다 에너지 수치가 높고, 비타민이나 미네랄 같은 영양소가 가득 들어 있는 식품이다.

식재료는 각각의 특징을 파악하고 생활 리듬에 맞춰 식사량을 조절하면서 선택했다. 동시에 보존료나 첨가물이 들어 있는 것, 나쁜 기름처럼 몸에 좋지 않은 것, 불필요한 것은 최대한 배제했다. 이 재료는 어떻게 재배되었는지, 어떤 과정을 거친 식재료인지 따위를 먹기 전에 생각했다. 그런 작업을 되풀이하면서 식사를 다시 생각하게 되었다.

다시 생각하게 된 것, 산화된 기름과 가공한 기름

식사를 개선할 계획을 세우면서 가장 먼저 살펴본 것이 산화된 기름과 화학적으로 가공한 기름이다. 산화된 기름은 시간이 오래 지난 기름, 튀김에 사용한 기름이다. 화학적으로 가공한 기름은 트랜스지방산과 포화지방산이 함유된 기름이다. 식품 원재료 라벨에서 종종 보는 '쇼트닝'에 다량 함유된 트랜스지방산은 혈중 콜레스테롤을 증가시키고, 호르몬 균형을 깨뜨려 장내 환경을 악화시킨다. 마가린이나 시중에 판매하는 드레싱, 마요네즈, 스낵 제품, 컵라면 등에 많이 들어 있다. 또한 소고기나 돼지고기, 유제품에 함유된 포화지방산은 체내에서 굳어서 지방이 되기 쉽고 혈액순환을 나쁘게 하는 경향이 있다. 두 가지 모두 다양한 식품에 들어 있으므로 조금만 신경 써서 선택하면 몸에 지방이 붙는 속도가 현저히 달라질 것이다.

중년의 식사는 달라야 한다

다시 생각하게 된 것, 육류

육식을 좋아해서 고기구이나 스테이크도 아주 좋아했는데, 식생활을 다시 살펴보면서 육류파에서 어류파로 바뀌었다. 고기를 먹으면 웬지 피곤해지는 느낌이 드는 것을 알아차린 게 그 동기였다. 몸 상태를 날마다 확인해보니 고기를 먹은 다음 날은 어쩐지 몸속이 산화하는 느낌이 들고 피부가 늘어지는 것 같았다. 지방도 금방 붙고 몸도 무거워지면서 쉽게 피곤해지는 느낌이 들었다. 그래서 공복 상태를 잠깐 유지했더니 피부도 좋아지고 몸도 가벼워졌다. 고기를 먹기도 하고 피하기도 하는 날이 되풀이되다가 1년쯤 지나자 육류보다 생선이 더 맛있어져서 지금은 소, 돼지, 닭은 거의 먹지 않는다. 그렇다고 지나치게 금욕적일 필요는 없다고 생각해서 먹어야 할 일이 생기면 먹기도 한다. 지금은 주로 생선, 콩, 달걀로 맛있게 단백질을 섭취하고 있다.

다시 생각하게 된 것, 유제품

우유를 원료로 한 유제품에 포화지방산이 들어 있다는 것을 알고부터 되도록 먹지 않는다. 유제품을 많이 먹으면 암 발병률이 높아진다는 통계를 접한 것도 계기가 되었다. 원래는 치즈와 요구르트를 너무 좋아했고 치즈와 와인은 최고의 궁합이라고 생각했을 정도다. 그래놀라, 바나나, 그리스 요구르트는 아침마다 챙겨 먹는 메뉴였는데, 지금은 많이 먹지 않으려고 주의하고 있다.

다시 생각하게 된 것, 당분

당분 과다 섭취는 젊어지는 호르몬 분비를 억제하고, 주름과 피부가 늘어지는 원인이다. 생크림, 밀크초콜릿 등 포화지방산이 함유된 음식은 지방이 붙기 쉬워서, 되도록 먹지 않으려고 한다. 요리할 때도 백설탕은 사용하지 않고, 혹시 설탕을 써야 하는 경우에는 흑설탕을 조금만 넣는다. 또한 당분 제로, 칼로리오프 제품은 안전하고 건강해 보이지만 설탕 대신 감미료 등 첨가물이 들어간다는 것을 알고 주의하게 되었다.

다시 생각하게 된 것, 글루텐

'글루텐프리 다이어트'라는 말이 있다. 미국에서 주류를 이루는 다이어트법이다. 글루텐은 밀가루, 보릿가루, 호밀가루 등 우리에게 친근한 흰 가루에 들어 있다. 빵, 핫케이크, 파스타, 피자, 시리얼, 케이크, 쿠키 등 모두 우리 딸이 매우 좋아하는 것이지만, 너무 많이 먹으면

늘 먹던 식사에서 밀가루만 뺐다! 에리카 앵겔 씨가 기초를 알려주는 『글루텐프리 다이어트』.

장내 환경이 악화되고 뇌에도 안 좋은 영향을 미친다. 심지어 중독성
도 있다고 한다. 파스타를 너무 좋아해서 자주 먹는데, 좀 많이 먹었
다 싶으면 배 속이 부글거리고 소화가 안된다. 그래서 글루텐프리 파
우더를 사용하기도 하고, 레스토랑에서도 피자나 파스타를 먹을 때
글루텐프리로 바꿔서 먹기도 한다. 우동보다 메밀국수, 빵은 천연 효
모로 구운 것, 중국 음식은 튀기지 않은 것으로 먹는다. 조금만 의식
하면 글루텐프리 식생활은 얼마든지 가능하다.

새로 먹게 된 것, 슈퍼푸드

재료 자체에 높은 영양가가 함유된 식재료가 슈퍼푸드다. 아사이와
치아시드, 키노아 등이 최근 주목받고 있어서 주스나 보조 식품으로
많이 섭취한다.

　날마다 먹어도 질리지 않을 만큼 정말 좋아해서 냉장고에 항상 있
는 것이 아보카도, 토마토, 비트, 낫토다. 이 식재료들을 아침이나 저
녁 때 샐러드로 만들기도 하고, 점심때는 파스타에 넣어서 먹기도 한
다. 거의 매일 먹고 있다.

새로 먹게 된 것, 신선한 주스

신선한 채소가 가득 들어 있는 냉압착 주스는 한 달에 한 번 독소 제
거를 위해 마신다. 보존료나 첨가물이 일절 들어가지 않는다. 천연 재
료를 직접 착즙해서 만든 주스는 맛도 좋고 마실 때마다 위에 잘 스
며들어서 눈 깜짝할 사이에 컵을 비운다. 나는 비트나 케일을 이용한
주스를 좋아한다.

새로 먹게 된 것, 몸에 좋은 기름

집에서 쓰는 기름은 올리브유와 참기름뿐. 항산화 성분이 풍부하게
함유된 질 좋은 올리브유는 많이 먹어도 살이 찌지 않는다. 오히려 혈
중에 있는 좋은 콜레스테롤을 증가시키고 변비를 방지하며 피부 미
용에도 좋고 깨끗한 장을 보장한다. 그야말로 안티에이징을 위한 만
능 기름이다. 올리브유 중에서도 추천하고 싶은 것은 냉압착해서 만
드는 신선한 엑스트라 버진 올리브유다.

아무리 좋다는 오일이라도 산화되면 소용없는 일이다. 최대한 작
은 병에 넣고, 일단 뚜껑을 따면 최대한 빨리 써버린다.

집에서 만든 아사이 스무디. 아사이 주스에 우유나 바나나, 꿀
등을 섞는다. 올리브유는 냉압착, 유기농, 엑스트라 버진 오일,
이 세 가지 조건을 갖춘 제품을 선택한다.

양질의 참기름은 풍미가 좋아서 가열하기보다는 요리의 맛을 낼 때 즐겨 사용하고 있다.

새로 먹게 된 것, 물

우리 집에서는 정수기를 달아서 미네랄이 풍부한 알칼리성 물을 마시고 있다. 세안할 때는 전해산성수로 변환하는 등 용도에 따라 구분해서 사용한다. 매일 마시는 물이니만큼 경수(硬水)보다는 입에 잘 맞고 마시기 편한 연수(軟水)를 선호한다. 물의 질은 역시 늘 신경 쓰는 것이 좋다.

새로 먹게 된 것, 보조 식품

식사만으로 보충할 수 없는 영양소는 보조 식품으로 섭취한다. 특히 출산 후에는 비타민을 비롯해 영양소가 부족해지기 쉽다. 수유를 끝내고 나서부터 적극적으로 먹고 있다.

여성에게 부족하기 쉬운 비타민, 철분, 아연도 쉽게 섭취할 수 있다. 단, 보조 식품의 품질을 꼼꼼히 따져봐야 한다. 아름다워지려고 돈을

에리카 앵겔 씨가 만든 그래놀라. 휴대도 간편한 선푸드의 슈퍼푸드 시리즈. 스무디에 넣어 먹으면 OK

들여서 구입했는데 품질이 나쁘다면 건강은커녕 질병을 초래할 수도 있기 때문이다. 영양 드링크제도 보조 식품도 슈퍼푸드도 입으로 들어간다는 점에서는 '식재료'나 마찬가지다. 어떻게 만들었고, 몸속에 들어가서는 어떤 영향을 미치는지 정확히 이해한 다음 엄선해야 한다.

내가 주로 먹는 것은 효소, 녹즙, 아사이, 노니, 인삼 등 영양과 미용에 도움 되는 드링크와 보충제 등의 보조 식품이다. 장내 환경을 개선하는 치아시드를 비롯한 슈퍼푸드, 간식으로도 쉽게 구할 수 있고 미네랄도 풍부한 견과류도 열심히 먹고 있다.

새로 먹게 된 것, 조미료

원래는 샐러드를 먹을 때 드레싱을 듬뿍 뿌리는 것을 좋아했는데, 언제인가부터 올리브유, 발사믹식초, 허브소금을 애용하게 되었다. 허브소금은 종류가 다양하고 간단한 샐러드에 넣어도 깊은 맛이 우러

친구가 준 올리보의 발사믹식초가 단연 최고다. 질 좋은 올리브유와 발사믹식초, 허브소금으로 샐러드를 얼마든지 많이 먹을 수 있게 되었다.

나서 드레싱보다 훨씬 좋다. 내 취향에 딱 맞는 소금과 발사믹식초를 만나고부터 샐러드를 먹을 기회가 부쩍 늘었다.

새로 먹게 된 것, 신선한 샐러드

매일 빠트리지 않고 먹는 것이 생채소와 제철 과일이다.

신선한 채소와 과일은 에너지 수치가 높다. 잎채소에는 식물섬유와 비타민, 미네랄, 항산화물질 등 피부 미용에도 빼놓을 수 없는 성분이 풍부하다. 그 외에도 혈액 속의 산성과 알칼리성의 균형을 잡고, 몸속을 청소도 한다. 지금은 채소와 제철 과일, 올리브유와 발사믹식초, 허브소금과 견과류를 섞은 샐러드가 아침 고정 메뉴다.

샐러드에 자주 넣는 과일은 망고, 오렌지, 포도, 무화과, 블루베리다. 채소 외에도 비트나 브로콜리, 아스파라거스나 버섯류, 콩류를 미리 찐 다음에 용기에 담아 냉장고에 보관하면 편리하다.

아침에 채소와 과일을 잘라서 섞기만 하면 간단하면서도 멋진 식탁이 차려진다.

우리 가족은 음식 취향이 서로 다르다. 나는 샐러드를 주메뉴로 먹고, 남편은 샐러드에 찐 달걀과 치킨, 치즈를 함께 먹는다. 치킨은 삶거나 일본식 조리법으로 요리한다. 샐러드는 토마토를 주재료로 하고 바질이나 고수 같은 허브를 그날그날 다르게 섞으면 다양한 맛으

로 즐길 수 있다. 딸아이는 주먹밥과 과일, 소시지에 좋아하는 채소를 골라 먹는다. 거기에 요구르트, 바나나, 초코시리얼을 얹으면 딸아이의 아침밥이 완성된다.

세 사람 모두 취향이 다르지만 주재료가 같아서 그다지 번거롭지 않게 뚝딱 만들 수 있다. 아침 먹을 시간이 없을 때는 만들어놓은 샐러드를 통에 넣어 촬영 현장에 가지고 가기도 한다. 아침은 최대한 신선하게 시작하려고 한다.

SHIHO
STYLE
36

○ 먹고 싶은 것보다 몸에 좋은 것을 먹는다.
○ 햇빛과 대지의 은혜로 자란 것을 먹는다.
○ 식재료는 먹기 전에 충분히 생각하고 선택한다.

37

감
각

몸이 음식에
지배당하지
않아야 한다

SENSE

안티에이징을 위한 식사를 시작하고 그 내용을 의식하게 되었다고는
해도 음식에 대한 지식은 여전히 초보 단계다.

애초에 나는 영양이나 요리 전문가가 아니고 특별한 지식이 있지
도 않았기 때문에, 음식이 몸에 미치는 영향은 그저 감각에 기대어 알
뿐이다. 다만 식사를 할 때와 한 뒤의 '감각'을 무엇보다 소중하게 여
긴다.

먹고 싶다고 느끼는 것은 분명 몸이 필요로 하기 때문이다. 그런
느낌을 통해 내 체질을 알게 된다.

그중에서 특히 신경 쓰는 것은 중독성이 있는 음식이다. 편의점에

서 쉽게 살 수 있고, 점점 더 먹고 싶고, 한 번 먹으면 손을 뗄 수 없는 인스턴트식품. 피자나 초콜릿, 포테이토칩, 쿠키, 아이스크림, 튀김, 탄산음료, 팝콘 등은 분명 맛은 있지만, 뇌의 이성적 사고를 어지럽혀 또 먹고 싶다고 느끼게 한다.

'맛있다' '먹고 싶다'는 욕구는 일시적으로 채워지지만, 몸이나 세포가 정말 좋아할지를 생각하면 그렇지 않다. 자신도 미처 모르는 사이에 인스턴트 의존증에 걸려버렸는지도 모른다.

그렇게 되지 않으려면 언제나 몸의 반응을 객관적으로 관찰하는 습관이 필요하다. 단 음식이나 스낵 과자 따위 인스턴트식품을 먹었을 때 몸과 세포가 좋아할지, 어떻게 흡수될지, 어떤 영향을 미치는지 감각을 자극하고 상상해본다.

나는 평소에 초콜릿 같은 단 음식을 거의 먹지 않지만, 일을 하다 보면 절로 손이 간다. 일할 때는 머리를 풀가동해서 피곤해지기 때문에 단 음식을 먹어서 아드레날린을 분비하려고 한다. 촬영할 때는 특히 더 단 음식을 찾는다. 단 음식을 먹으면 금세 정신이 맑아지고 긴장감이 생기기 때문에 몸에 좋지 않다는 것을 알면서도 그 성질을 이해하고 찾게 되는 것이다.

음식을 먹었을 때 경험하는 감각을 소중히 여긴다면 언제 어느 경우에 무엇을 먹을지를 스스로 조절할 수 있게 된다. 지식으로서만이 아니라, 무엇보다 '좋다' 또는 '나쁘다'는 자신의 감각과 음식을 먹는 타이밍을 생각해보라. 그 작업을 되풀이하다 보면 새롭고 현명한 선택을 할 수 있게 된다.

SHIHO
STYLE
37

○ 음식을 먹을 때와 먹은 후의 감각을 중요하게 생각한다.
○ 중독성 있는 음식을 조심한다.
○ 몸에 좋다, 나쁘다는 감각과 먹는 타이밍을 생각한다.

38

선
택

적당한 식욕이
열정적인 일상을
만든다

CHOICE

식사는 맛있고 즐거워야 한다. 예뻐지기 위해 너무 금욕적으로 제한
하면 식사가 즐겁기는커녕 감사하다는 마음조차 잃게 될 것이다.

게다가 무리한 속성 다이어트는 장담하건대 반드시 제자리로 돌
아오기 마련이다. 단기간에 식생활을 바꾸려고 하기보다는 천천히
시간을 갖고 자기 상황에 맞게 시도하는 편이 좋은 결과를 부른다.

나는 식사 내용에 신경 쓰면서도 무리하거나 절대로 먹지 않겠다
거나 하지 않고, 가끔은 쉬어 가는 날을 만들어놓는다. 좋아하는 음식
을 저녁에 먹기도 하고 밤늦게 친구들을 만나러 나가기도 한다.

마음껏 자유롭게 즐겨도 몸과 마음의 소리에 충실하면 자연스럽

게 식사 내용도 점점 달라질 것이다. 예를 들면 밤에 포테이토칩을 잔뜩 먹었더니 갑자기 배에 지방이 꼈다. '아, 역시, 이 지방은 그때 그 포테이토칩……' 하고 나중에 깨닫게 된다. 고기를 먹은 다음 날은 몸이 무겁고 눈도 잘 떠지지 않는다는 것을 알게 된다.

이렇듯 무엇을 먹으면 몸이 어떻게 반응하는지 하나씩 관찰해가면 '먹고 싶은 마음'에서 '먹지 않았을 때의 이점' 쪽을 자연히 선택하게 된다.

고기는 기름기 적은 부위를 선택하고 양보다는 질을 중시한다. 예전에는 구이에 흰쌀밥까지 우적우적 먹었지만, 지금은 와인에 질 좋은 고기를 아주 조금, 그리고 채소나 수프 위주로 먹게 되었다.

식사 내용을 다시 돌아보게 되면서 음식을 현명하게 선택하는 생활로 바뀌었고, 먹는 양은 크게 줄지 않았는데도 지방이 잘 붙어나지 않는다. 주위 사람들도 "살 빠졌네! 많이 말랐어!" 하고 말한다.

그것은 내 몸의 반응을 보고 마음을 충실하게 따르면서 음식을 선택한 덕분이다. 돌이켜 보니 일 년 만에 무리 없이 식습관 자체를 완전히 바꾼 것 같다.

잠시 쉬어 가는 날을 만들면서 생기는 여유, 그리고 좋아하는 것을 제한하지 않고 마음껏 시험해본 결과에 대한 감각, 몸의 변화에서 배운 것이 참으로 많다.

중년의 식사는 달라야 한다

처음부터 너무 자제하거나 금욕적으로 하지 말고 여유를 갖는 것
이 중요하다. 무리가 되지 않는 속도로 몸의 반응을 살피는 것이 관건
이다.

SHIHO
STYLE
38

○ 식사 개선은 금욕적으로 하지 말고 천천히 시간을 갖고 한다.
○ 가끔은 쉬어 가는 날을 만든다.
○ 무슨 음식이 몸에 어떤 영향을 미치는지 관찰한다.

스스로 만든
모든 것이 '나'이다

셀프케어는 그 누구도 아닌,
바로 내가 하지 않으면 시작할 수 없다.
새하얀 도화지 같은 기분으로 자기만의 새로운 40대를 시작하자.
내 마음에 정직하게, 아름다움에 대한
자기 나름의 철학을 세우고 지금부터라도 전진하고 싶다.

39

도
전

가슴이 뛰는
일을 한다

CHALLENGING

'사람은 몇 살이 되든 도전할 수 있다'는 말처럼, 이제 마흔이 되었는데도 새로운 도전을 하고 싶다는 마음이 날로 싹튼다.

'얼마든지 할 수 있어'라고 용기를 가지고 돌진하면 인생도 안티에이징도 무서울 것은 없다.

이렇게 생각하게 된 것은 마흔이 되기 전에 겪은 어떤 일 때문이다.

그때 나는 나이를 의식해서 아이를 한 명 더 낳고 싶다는 의욕이 솟구쳤다. 여성에게 임신, 출산, 육아는 신체적 부담도 크고 새로운 책임도 생기며, 시간 활용도 달라지는 큰일이다. 그래서 더욱 신중히 오랫동안 고민한 끝에 처음으로 체외수정을 시도했다. 하지만 결국

스스로 만든 모든 것이 '나'이다

유산을 했다.

그 기간은, 아이를 갖고 싶다는 마음과 아이가 태어났을 때를 맞을 마음의 준비, 치료, 몸의 변화, 유산, 그 이후의 케어 등등 눈이 돌아갈 정도로 급격한 변화에 떠밀려서 몸과 마음이 너덜너덜해지는, 모순과 갈등의 나날이었다.

생명과 아이는 내 결단대로 되는 것이 아니다. 그런데도 내 생각대로 하려고 했던 나 자신에 의문이 생겼다. 하루하루 진정 행복하냐고 물으면 그렇지 않다는 것을 깨달았다. 힘들고 괴로운 나날 끝에 어느 날 문득 몸과 마음이 편안해지면서 어깨의 짐을 내려놓은 것 같은 편안한 감각이 찾아왔다. 내 안에 있던 욕망이 아직 사라지지 않았을 때, 더 이상 아이에 연연하지 말자는 생각이 들던 순간인 것 같다.

고민하고 갈등했기 때문에 오히려 자신이 정말 필요한 것, 하고 싶은 것, 그리고 진정한 기쁨을 알게 되었다고 할까. 한 가지에 집착하고 매달리는 인생이 아니라, 지금 이 순간에 감사하고 이 순간을 소중히 여기며 정중하게 살아가리라 생각하니 마음이 벅차올랐다.

하지만 머리로 생각만 해서는 이런 해답에 도달할 수 없다. 행동하고 고민해야만이 실제로 느끼고 답을 찾는다. 나는 생각을 너무 많이 하고 우유부단한 편이라서 지식이나 상식에 얽매이는 경향이 있다. 그럴 때는 결단을 내렸을 때의 인생과 그러지 않았을 때의 인생 중

어느 쪽이 더 가슴 설레는지 마음에 물어보는 것이 가장 좋은 방법인 것 같다. 그런 다음 행동으로 옮기면 된다. 그것이야말로 지식과 상식보다 더 나다운 모습을 찾아주는 계기가 될 수 있다.

나는 자유로운 발상과 마음가짐으로 흐름과 조언을 따라 다양한 방면에 도전하려고 한다. 가장 나답게, 나이에 맞게 빛날 수 있도록, 설레는 마음으로 살고 싶다. 인생의 분기점에 섰을 때야말로 '설레는 마음'을 선택해보라. 그것이 자신을 더욱 나답게 성장하도록 인도할 것이다.

SHIHO STYLE 39

○ '얼마든지 다시 시작할 수 있어'라는 용기를 가지고 돌진한다.
○ 지금의 현실에 감사하고 소중히 여기며 정중하게 살아간다.
○ '설레는 가슴'을 선택한다.

40

행복

정직하고 순수한
나를 잃지 않는다

BLISS

30대는 결혼과 출산을 하고 그런 중에 일도 계속할 수 있어서 아주 행복했지만, 되돌아보면 나를 둘러싼 사람들이나 주변과의 균형을 맞추기가 정말 힘들었다.

정신없이 변해가는 세상 속에서 좋은 아내로, 좋은 엄마로, 좋은 모델로 서고 싶다는 마음, 각각의 관계성과 환경을 열심히 지켜가려는 마음으로 거의 필사적으로 살았던 것 같다. 그러다가 어느 순간 문득 너무 힘들고 지친 나 자신을 발견했다.

주위 사람들만 생각하느라 나 자신을 조용히 마주하고 보살피는 일을 잊고 있었다. 내가 기뻐할 수 있는 시간이라고는 전혀 없었다.

스스로 만든 모든 것이 '나'이다

나다운 것, 나의 장점이 도대체 무엇이었지 도무지 답이 떠오르지 않았다. 그러던 중 어느 인터뷰 기사에서 본 구절이 마음에 남았다.

"자신과 마주하고 자신과 잘 지낼 수 있다면, 다른 사람과의 관계도 잘해낼 수 있다. 중요한 것은 우선 자신과의 관계에 정직해지는 것이다."

그 글을 보았을 때 내 눈을 가리고 있던 비늘조각이 떨어져 나가는 쾌감을 느꼈다. 자신과의 관계에 정직하라……. 나는 정직하기는커녕 뒤돌아보지도 않았던 것이다.

그 후로 조금이라도 나만의 시간을 의식적으로 갖고 정직한 마음으로 솔직하게 행동하기로 했다. 그러자 매달릴수록 풀리지 않았던 어려운 문제들이 나를 스스로 돌보면서부터 풀리게 되었고, 비로소 평안하고 행복한 치유를 누리게 되었다. 그에 따라 주변 여건도 서서히 호전되어가는 것을 알게 되었다. 도대체 무엇을 그렇게 고민하고 한탄하며 필사적으로 달려왔던 걸까 하는 생각이 들 정도로…….

자신이 보이지 않을 때는 분명 주변도 보이지 않고, 자신을 돌볼 수 있다면 주변도 돌보고 위로를 건넬 수 있다.

해답은 밖에 있지 않고 언제나 내 안에 있다. 모든 것은 나에게 달렸다는 것을 새삼 깨달으면서, 20대 후반에 많이 듣고 생각했던 '나하기에 달렸다'는 말과는 전혀 다른 의미로 책임감이 느껴졌다.

자기 관리를 시작하고 멍하니 힘을 빼고 편안한 느낌으로 있어 보니, 그동안 내가 얼마나 어깨에 힘을 주고 긴장하며 살았는지를 절실하게 느낄 수 있었다.

정말 신기한 것은 나도 여러분도 육체를 갖고 있고, 그것을 느낄 수 있는 시간은 정해져 있다는 사실이다. 그렇기 때문에 정해진 시간 속에서 지금 내가 느끼는 내 몸과 진정한 나를 위해 전력투구하며 살아야 한다.

'내가 나를 나답게 살려나간다'는 말에 분명히 책임을 져야 한다. 누군가를 상대하기 전에, 어떤 직함을 달기 전에, 내가 나에게 정확히 집중하고 행동해야 한다.

마흔이 된 지금에야 셀프케어가 '나에게 노력하다'라는 말임을 깨달은 것 같다. 그러므로 내게 주름과 기미는 아주 사소한 문제일 뿐이다. 그보다는 마음이 충실한지, 가득 차 있는지, 안심하고 있는지, 그리고 그 모든 것을 나 스스로 만들어 내고 있는지, 역할에 충실한지가 몇 배 아니 몇백 배 더 중요하다.

늘 객관적으로 몸과 마음과 마주하는 시간을 갖는 것. 자신을 보듬고 안심시키는 것. 그것이 진정 안정과 찬란함을 유지하는 비결이라 믿는다.

지금의 나는 '아름다워지고 싶다'보다 '아름답게 살고 싶다'는 말이 더 와닿는 삶을 살고 있다. 그것이 마흔이 되면서 품기 시작한 아름다움의 정의이다. 그리고 지금부터 아름답게 살기 위해 필요한 것을 끊임없이 배우고 싶다. 그런 철학을 잊지 않고 멋진 50대를 꿈꾸고 싶다.

○ 자신과의 관계에 정직해진다.
○ 자기만의 시간을 갖고 정직한 마음에 따라 행동한다.
○ 내가 나를 나답게 살려나간다.

아
름
다
움
을

관
리
하
다

자기 관리의 중요성을 써나가면서 그 중요성을 내가 가장 깨닫게 되었다.

좀처럼 글이 써지지 않고, 수면 부족이 이어지고, 시간에 쫓기는 생활을 하면서, 내가 쓴 내용과 전혀 상반되는, 셀프케어와 전혀 동떨어진 생활을 한 적이 잠시 있었다.

내가 제대로 채워지지 않으니 스트레스가 쌓이고 피곤하고, 의미 없이 딸아이를 혼내는 나날이 이어졌다. 이러면 안 되는데 하고 반성하면서도 누군가에게 늘 무언가를 바라게 되고, 내가 채워지지 않으면 마음이 가라앉지 않았다. 그 시절의 나는 정말 여유라고는 없는,

늘 찡그리고만 있는 그런 사람이었다. 우리 딸에게 나는 정말 무서운 엄마였는지 모른다.

모든 것을 비우는 법을 부정적으로 여기는 것이야말로 셀프케어가 부족하다는 증거임을 깨달았다.

내가 채워져 있으면 주변 상황은 더 이상 상관없다. 어떤 환경도 받아들이고, 상대를 보살필 수도 있게 된다. 그런 삶을 살고 싶다고, 진심으로 느꼈다.

과거를 돌아보면서 그때는 그렇게 했어야 했는데 하며 발을 동동 구르게 될 때 들려드리고 싶은 노래가 있다.

"나에게 일어난 일은 좋건 나쁘건 나에게는 같은 인생이에요. 나는 아무것도 후회하지 않아요. 나의 인생도 나의 기쁨도 지금 당신과 함께 시작되는 것이니까요……."

에디트 피아프가 부른 '모든 것은 물에 흘려 보내요(원제: 아뇨, 전 후회하지 않아요 Non, Je Ne Regrette Rien)'라는 곡인데 이 노래를 들으면, 지금까지 있던 모든 일을 받아들이자, 언제든 처음부터 시작할 수 있다, 나를 다시 설정할 수 있다, 이런 용기가 솟구친다.

안티에이징도, 미래를 향한 도전도 무엇이든 다시 시작하기에 늦지 않다. 그것이 나의 타이밍이다. 지금까지의 모든 것은 강물에 흘려 보내고 미래를 위해 다시 지금을 선택하면 된다.

스스로 만든 모든 것이 '나'이다

새로운 자신으로 다시 태어나기 위해. 새로운 자신으로 다시 시작하기 위해. 상식도 아니고 매뉴얼도 아닌 나만의 길을 마음이 이끄는 대로, 마음이 가는 대로.

가장 나답고 행복한 나를 만나기 위해 자신을 많이 사랑해주기를 바란다.

마지막으로 이 책을 낼 수 있는 기회를 주신 겐토샤의 겐죠(見城) 님, 이 책을 쓸 수 있도록 이끌어주신 담당 오지마(大島) 님, 후지와라(藤原) 님, 우노(宇野) 님, 그리고 끝까지 읽어주신 모든 분에게 진심으로 감사드린다.

2017년 시호(SHIHO)

일본판 아트 디렉터 & 디자이너	store Inc
편집협력	후지와라 리카(藤原理加)
표지 사진	아카오 마사노리(赤尾昌則)(white STOUT)
스타일리스트	미야자와 게이코(宮澤敬子)(WHITNEY)
메이크업	yUKI for Loopblue(Me)
헤어	HIROKI(w)
본문 사진	이정훈 p16, 164
	이상욱 p54
	이토 다카시(伊藤隆) p190, 191, 209, 219, 223
본문 일러스트	오가타 타마키(緒方 環)
촬영협력	EASE(이지)
의상협력	H&M, MARIEYAT, LA PERLA, 제임스 버스, forte_forte
Special Thanks	피쇼 마이코(麻依子)
	샹티(롯데 홈쇼핑 코리아)
	STL
참고문헌	〈SHIHO토레〉 매거진 하우스 출간
	〈집에서 하는 요가 SHIHO meets YOGA〉 소니 매거진 출간
	〈TRINITY-SLIM '전신 다이어트' 스트레칭〉 SDP 출간
	〈SHIHO loves YOGA 집에서 하는 요가〉 엠온 엔터테인먼트 출간

야노 시호의 셀프케어

펴낸날	초판 1쇄 2017년 6월 1일

지은이	야노 시호
옮긴이	김윤희
펴낸이	심만수
펴낸곳	(주)살림출판사
출판등록	1989년 11월 1일 제9-210호

주소	경기도 파주시 광인사길 30
전화	031-955-1350 팩스 031-624-1356
홈페이지	http://www.sallimbooks.com
이메일	book@sallimbooks.com

ISBN   978-89-522-3626-5   13590

이 도서의 국립중앙도서관 출판예정도서목록(CIP)은 서지정보유통지원시스템 홈페이지
(http://seoji.nl.go.kr)와 국가자료종합목록시스템(http://www.nl.go.kr/kolisnet)에서
이용하실 수 있습니다.(CIP제어번호: CIP2017010193)

책임편집·교정교열   선우지운 송경희 한다은 황민아